两栖和爬行动物

余大为 韩雨江 李宏蕾◎主编

吉林科学技术出版社

阅读指南

《两栖和爬行动物》共分为六章。第一章，蝾螈与鲵；第二章，蛙与蟾蜍；第三章，冷血杀手——蛇；第四章，种类繁多的蜥蜴；第五章，盔甲护身的龟；第六章，江河霸主——鳄鱼。

主标题
主标题文字

图片释义
小故事知识点的图片释义

趣味小故事
关于动物的趣味性小故事

主文字
动物的解说文字内容

小档案
介绍动物的学名、体长、食性、分类、特征等属性。（由于两栖和爬行动物品种众多，小档案只介绍了该种类其中的一种，并与图片相对应。）

知识点
介绍动物的生理属性、生活习惯及形态特征

1 下载“动物世界大揭秘”AR 互动 App，根据屏幕上的提示，进入 App 内开始科普互动。

2 图书中带有“扫一扫”标识的页面，就会有扩展的 AR 科普互动。

3 将图书平摊放置，打开 AR 互动 App，使用摄像头对准图书中的动物，调整图书在屏幕上的大小，以便达到更好的识别效果。

4 在可见的区域内，进行远近距离的调整，能够多角度地观察 AR 所呈现的立体效果。

5 选择 App 内的系统提示按钮，能够呈现初始、 行走、习性、照相、脱卡等功能，每种功能按钮都会带来全新的体验乐趣。

目录

第一章 蝾螈与鲵

洞螈

洞穴中的隐士

在几百万年前，洞螈的祖先在欧洲群山中的洞穴里找到了适合它们生活的环境，于是它们就在那里安定地生存了下来。洞螈是一种两栖类动物，栖息于阿尔卑斯山脉石灰岩溶洞的地下水脉中。它也是全欧洲唯一一种生活在洞穴里的两栖动物。洞螈绝对是世界上最奇特的存在，它们的眼睛隐藏在皮肤下，只能看到一个小黑点，几乎没有视力。但是灵敏的触觉可以让它们感受到周围的震动，最不寻常的是，虽然在外观上并没有发现它有外耳，但是它们有灵敏的听觉。这些都说明了洞螈在演化的过程中已经完全适应了在食物稀少的地底洞穴中生活。

鳃裸露在外面，这是它们的呼吸器官。

身体表面的皮肤比较坚韧。

 看不见东西

洞螈缺失重要的视神经，因此它们几乎没有视力。不过它们生活在漆黑一片的洞穴中，就算有眼睛可能也起不到太大的作用。那看不见东西可怎么办呢？洞螈的头部窄长，有大面积的感觉器官，所以在黑暗的洞穴中，它们可以通过身上的感觉器官感受化学物质与电信号，并借此猎捕一些无脊椎动物。

洞螈	
体长：20～30 厘米	分类：有尾目洞螈科
食性：杂食性	特征：头窄长，肤色随着光线变化

洞螈的眼睛退化，只能在皮肤下面看见一个黑色的斑点。

身体上有横向的褶皱。

前肢有三个指，后肢有两个。

洞螈身体的颜色

奇特的洞螈到底是什么颜色的呢？它们的自然颜色已经消失，身上的皮肤几乎透明，显出灰色或粉红色的颜色。长年生存在黑暗的洞穴中的洞螈没有必要用深色的体色保护自己，在它们刚生出时会有颜色，但是不久就会消失。身上的某些地方会泛红，那是血液的颜色，皮肤上的那一点黄色是天然核黄素的颜色。洞螈柔软苍白的皮肤有点像人类，因此它们还有个名字叫“人鱼”。

生活在地底的“龙”

神话传说中的龙总是充满了传奇的色彩。在欧洲，洞螈被认为是龙的幼体，那是为什么呢？传说中的龙具有很多特征，例如头上有角，身体像蛇，等等，而刚好洞螈就像是长了腿的蛇，短小的四肢在外形上和龙的形象非常相似，加上它们小巧的体形，才被人们当成了龙的幼体。如此奇特的洞螈绝对是大自然对这个神秘世界的馈赠。

墨西哥钝口螈

长不大的蝾螈

三对外鳃是墨西哥钝口螈的明显特征。

嘴巴里面只有细小的牙齿，它们依靠突然张嘴把猎物吸进嘴里。

野生墨西哥钝口螈分布在墨西哥，它们有光滑的身体和三对明显的外鳃，宽大的脑袋上长了两个小眼睛，很是可爱。这种两栖类的小精灵姿态优美，表情天真，呆呆的样子很惹人喜爱，于是它就成了宠物界的小明星。那些漂亮的白色墨西哥钝口螈都是饲养者精心选育的结果，其实野生的墨西哥钝口螈很少有白色的体色。1863 年，有一只白化的雄性钝口螈被运到巴黎植物园，它就是如今所有白化品种的老祖宗了。还有一些白化的变种，都是通过和白化虎蝾螈杂交而来。迄今为止，人们已经培育出了许多种颜色和花纹的墨西哥钝口螈。

 特别的宠物

人们饲养墨西哥钝口螈已经有 150 年的历史，是北美洲乃至世界范围内最常见的宠物之一。墨西哥钝口螈在 20 世纪 80 年代被引入日本，人们根据它奇特的叫声为它取名为“呜帕鲁帕”。它们是一种对人畜无害的宠物，最好不要和鱼、龟混养，不然它娇嫩的皮肤很容易遭到其他动物的啃食。墨西哥钝口螈最爱吃红线虫，但是它们肠胃不好，所以一次也不能吃太多。作为宠物，墨西哥钝口螈怕热不怕冷，如果夏天天气太热还需要为它们降温，是不是很特别？

墨西哥钝口螈

体长：25 ～ 30 厘米	分类：有尾目钝口螈科
食性：杂食性	特征：头两侧有三对鳃，肢和足甚小，但尾很长

为什么叫“六角恐龙”

墨西哥钝口螈又叫“六角恐龙”。为什么人们会给它们取一个这样的名字呢？这是因为在它们扁平的头部两侧分布着六根羽状的粉红色外鳃，这些鳃看起来很像龙的犄角，因此被大家叫作“六角恐龙”。其实它们的鳃部皮肤是透明的，呈现出的粉红色是血液流动的颜色，如果它们的鳃部颜色变深甚至萎缩，则说明水质可能出了问题，需要换水了。

尾巴很像蝌蚪的尾巴，用来拨动水游泳。

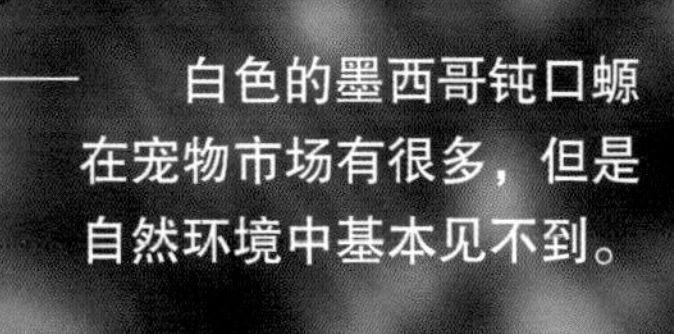

白色的墨西哥钝口螈在宠物市场有很多，但是自然环境中基本见不到。

不想长大的钝口螈

通常情况下两栖类动物会经历一次完全变态的过程，它们在幼年时就像蝌蚪一样在水中生活，这个时期的它们具备外鳃，用外鳃在水中呼吸。经过一段时间的发育，外鳃消失，形成内鳃，再经过一段时间，逐渐长出四肢，肺也发育完全，最后用肺代替鳃呼吸，登上陆地生活。而墨西哥钝口螈是一种特殊的存在，它们不具备变态过程，外鳃也不会退化消失，更不会离开水生活，它们具有幼态延续的特征。

小鲵

身材渺小的小鲵

小鲵是一种什么生物？它长得有多小？小鲵是一种两栖类动物，小鲵亚科有7属40多种，分布于中亚的中国、俄罗斯东部、朝鲜半岛及日本等国家和地区，在中国主要分布于东北、西南、华中、华东以及台湾等地区。小鲵的身体小巧并呈圆柱状，长着一条长长的尾巴，细弱的四肢分布于身体两侧，头呈扁宽形，它们的嘴开口较大，开口后方已经开到眼睛的后下部。它们平时都隐藏在潮湿疏松的泥土中、腐叶层或石块下方，人们常常可以从耕地或腐枝烂叶中发现它们。阴雨天或傍晚它们会到地面上活动。蚯蚓、昆虫或其他节肢动物及其幼虫都是小鲵最爱的食物。

如何长大

小鲵的成长过程和青蛙很像，小鲵最开始以一颗卵的状态漂浮在水中，经过一段时间的孵化，卵变成了带鳃的“蝌蚪”，这时候它们还是在水中生活。慢慢地，它们有了新的变化，它们生长出了四肢，尾巴也变得更大更长，它们的样子越来越像母体，但是这时它们还是带有鳃的幼体，再经过一段时间的成长，鳃退化消失，它们长成了成年小鲵的样子，就会到陆地生活。

小鲵	
体长：5～20 厘米	分类：有尾目小鲵科
食性：肉食性	特征：体形扁长、尾巴灵活、皮肤光滑

小鲵的危机

小鲵的生存现状令人担忧，经过对分布情况和现有资料分析，小鲵仍然属于稀有物种。随着人类活动的不断扩展，自然环境遭到了一定的破坏与污染。小鲵的栖息范围逐渐缩小，其数量日趋减少。还有许多商贩把它们当作宠物在花鸟市场贩卖，野生数量少之又少。在它们还没有灭绝之前，我们要加以保护。

大鲵

娃娃鱼

大鲵是什么物种？其实就是我们常说的娃娃鱼！正因为它们的叫声像婴儿哭，所以取名为“娃娃鱼”，又因为它们身上有山椒的味道，所以在日本也被叫作“大山椒鱼”。大鲵是世界上体形最大的两栖动物。人们曾经在一个娃娃鱼养殖场里发现了一条重达 45 千克的娃娃鱼，它成了当地人观赏的宝贝。它们体态扁平，头扁平而且宽阔，四肢短粗，分布于身体两侧，身体表面光滑湿润，在水中来去自如。大鲵很贪吃也很耐饥饿，蟹、蛙、鱼、虾、水生昆虫及其幼虫都可以成为大鲵的食物，它们可以坚持数月甚至一年以上不吃东西且不会饿死。

奇特的叫声

在盛夏的夜晚，山间的小溪哗啦啦地流淌着，泉水叮叮咚咚地敲打着节拍，就像是奏响了夜里的舞曲。就在这时你可能听到几声婴儿般的啼哭，这声音打破了原本欢快的节拍，显得有些凄惨。这就是大鲵的叫声，独特的声带构造，使它们发出了类似婴儿的叫声，也正是因为这样的叫声，人们才为它们取了“娃娃鱼”这个名字。

大鲵

体长：约 60 厘米，最大可超过 1 米	分类：有尾目隐鳃鲵科
食性：肉食性	特征：躯干和头部比较扁平，是最大的两栖动物

如何饲养

如今人们已经开始了对大鲵的人工养殖。大鲵主要在水中生活，而且喜欢待在水质清、凉的流水中，因此，建造养殖场的基地最好选择在水源充足，常年水温变化在 9～20℃之间的江河或水库附近。大鲵喜欢阴暗的环境，所以饲养池最好光线昏暗，而且需要保持池水阴凉，避免阳光直射。对体形不一的大鲵，要进行大小分养，因为大的大鲵会吃掉较小的。

东方蝾螈

有毒的宠物

东方蝾螈是什么？它们还有个名字叫作“中国火龙”，这个名字源于它们腹部橙红色的如火焰般的花纹。它们属于观赏性蝾螈，因为它们体内含有河豚毒素，所以不能被食用。东方蝾螈从初次产卵到产卵结束可持续一个月的时间，刚孵化出来的幼体只有 10～12 毫米，还有三对粉红色的外鳃。东方蝾螈喜欢生活在静水水域或水稻田内，主要以水生昆虫、昆虫卵、幼虫以及其他小型水生动物为食。它们有时候也做一些对人类有益的事情，能够帮助人们消灭农田虫害和危害人类健康的蚊子幼虫。

如何饲养

东方蝾螈虽然有危险的毒素，但仍然是一种常见的宠物。饲养时要在缸底铺些干净的沙砾碎石，然后加入晾晒过的自来水，并加入一些水草，水草可以进行光合作用，增加水中的含氧量，为蝾螈提供产卵的条件。要时刻保持水质的清洁，3～5 天换一次水。它们爱吃活的食物，可以喂水蚯蚓给它吃，也可以喂一些肉末，但是要少量投入，防止食物残渣影响水质。

东方蝾螈	
体长：5～10 厘米	分类：有尾目蝾螈科
食性：肉食性	特征：腹部橙红色，有黑色的斑点

如何产卵

每年 3～7 月是东方蝾螈的繁殖期。雄性蝾螈会围绕雌性蝾螈来回游动，并不断地注视着雌性蝾螈，同时将尾部向前弯曲快速抖动，多次重复这种动作，甚至可持续数小时。雌性蝾螈如果接受雄性的求偶就会尾随其后，与它们一同产卵。

两只炯炯有神的小眼睛向外凸起。

肥肥的肚子

皮肤呈黑色，带有凸起。

如何繁殖

红瘰疣螈是卵生动物，每年 5～6 月是它们繁殖的季节，它们对繁殖地的要求是很高的，通常会选择在阴暗潮湿的环境中产卵，比如静水坑、水沟内。雌性红瘰疣螈每次会产卵 75 粒左右，卵径 2.5～3 毫米，卵单粒或连成单行，分散依附于水草之上。经过研究发现，它们的幼体可能需要在水中生长发育两年才能完全变态，然后到陆地上生活。

红瘰疣螈

奇怪的“小火龙”

红瘰疣螈看起来很像一个小火龙玩具，它们体长 12.5～20 厘米，头部扁平，背脊棱高高隆起，背部两侧有一排球形瘰粒，排列整齐，界限分明。它们背部皮肤黑黑的，背脊棱和瘰疣部位均为棕红色或棕黄色。艳丽的色斑让它们成为具有观赏价值的两栖动物。它们大多生活在海拔 1000～2400 米林木繁茂、杂草丛生的山区或水稻田附近，在云南分布较广。平时多栖息于林间草丛下或阴暗潮湿的环境中，只有在繁殖的季节才会回到水中。蚯蚓、蜈蚣、步行虫、蜗牛等都是它们最爱的食物。

红瘰疣螈	
体长：12.5～20 厘米	分类：有尾目蝾螈科
食性：肉食性	特征：背部两侧有橙色的疣状物，脊部也为橙色

会调节温度的红瘰疣螈

红瘰疣螈是变温动物，它们本身也具备一定的体温调节能力。经研究发现，它们的这项能力主要依靠外界环境的热辐射。外界的温度变化也会影响到它们的变温能力。当外界温度在 10～35℃的时候，它们的体温和外界温度呈正相关。红瘰疣螈的能量代谢也像其他两栖动物一样，随着温度的变化而变化，当温度达到 30℃时，代谢率最高，雄性的代谢率要高于雌性。

冠欧螈

拥有高耸背脊的蝾螈

冠欧螈是一种长相奇特的两栖类动物。它们身体细长，最大可以长到 18 厘米。它们皮肤表面粗糙，背部通常呈深棕色或黑色，还有些种类身体两侧会有白色的带状斑点，黄色的腹部上也长着黑斑。到了繁殖季节，雄性冠欧螈就会大变身，从它们的背部会长出高耸的背脊，尾巴两侧也会有白色闪亮的带状纹路。这种神奇的生物主要生活在多瑙河流经的罗马尼亚地区。你有可能在多瑙河平原或是提萨河沿岸低地发现它的踪影。

繁殖期的它们有何不同

冠欧螈通常在春天进入繁殖期，在交配的季节雄性总要与平时有区别才能吸引雌性的注意。在繁殖期，雄性的背脊开始凸起，从额头至尾尖，凸起的背脊是不规则的锯齿状。背脊上还带有棕色和黑色的斑点。即便不是在繁殖期，冠欧螈的雄性个体也要比雌性个体好看。雌性通常灰灰的，并不怎么吸引人。除此之外，雄性在尾部还会出现一条白蓝色带有珍珠光泽的条纹，极具观赏性。

如何发育

任何动物的成长都是在不断地突破一道道关卡，冠欧螈的幼体相对来说有着健壮的构造，这也来源于它们的艰辛蜕变。冠欧螈由一颗受精卵发育而来，如果发育不好就会成为死胎。经过 15 天的发育，幼体就可以破卵而出了。这时它们的前肢还没有长出来，只能用脸颊来保持平衡。发育到第 24 天，它们的外鳃会变得成熟，眼睛和四肢逐渐形成，消化系统也逐渐形成，出现吞咽行为。发育到第 28 天的时候平衡肢基本消失，到了第 31 天，前肢发育完全，这就是冠欧螈幼体的样子。

冠欧螈	
体长：14 ～ 16 厘米	分类：有尾目蝾螈科
食性：肉食性	特征：背上长有背鳍，尾巴较长

第二章 蛙与蟾蜍

与众不同的捕食技能

虎纹蛙具有特殊的眼部构造，这让它们在蛙类家族中拥有独一无二的捕食技能。通常蛙类只能看到运动的物体，它们只能捕食活动的猎物。但虎纹蛙与一般蛙类不同，不仅能够捕食运动中的食物，而且可以直接发现和捕食静止的猎物，如死鱼、死螺等。它还具备另一种与其他蛙类不同的捕食方式，当发现猎物时，便向猎物跳过去，头后仰并张开下颌，迅速伸出舌头挥出一个 180° 的弧线，一瞬间将猎物卷进胃里。虎纹蛙还能用下颌在水中捕捉猎物，绝对是蛙类中的捕猎小能手！

虎纹蛙是什么蛙？相信换个叫法你就知道了，它们就是我们常说的“田鸡”也叫“水鸡”。虎纹蛙强壮魁梧，号称“亚洲之蛙”。它们体长 25～34 厘米，背部呈黄绿色，腹部白色，皮肤上分布着小疣粒，由于皮肤上存在不规则斑纹，看上去似虎皮，所以得名虎纹蛙。虎纹蛙的食性广泛，天上飞的、水里游的、地上爬的，甚至动物尸体都能成为它们的食物，的确是名不虚传的“猛虎”。由于栖息地被破坏和人类的捕捉，野生虎纹蛙数量正在不断减少，已被列为国家二级保护动物。

虎纹蛙

体长：25～34 厘米	分类：无尾目蛙科
食性：肉食性	特征：身上有类似虎皮的斑纹

虎纹蛙有眼睑，与眼睑相连的还有向内折叠的透明瞬膜，在潜水时，瞬膜上移可以盖住眼球。

它们有张大嘴，但是除了捕食的时候就很少张开。

虎纹蛙皮肤粗糙，背部带有黄绿色或棕色花纹。

冷血动物

蹦蹦跳跳的虎纹蛙其实是个冷血的变温动物，它们没有恒定不变的体温，不仅冷血，而且体温常常随环境温度的变化而变化。每到阴天下雨的时候，温度骤降，它们会暂时停止摄食活动，就连生长速度也会跟着变慢甚至停止。在寒冷的冬天，它们就会冬眠。在进入冬眠前，它们会大量地捕食，为越冬贮存养料。

树蛙

生活在树上的蛙

树蛙可爱极了，就像它们的名字那样，它们是一群生活在树上的绿色的小家伙。它们成年以后基本都会在树上生活，有些种类也会栖息在低矮的灌木或草丛中。树蛙的身体稍扁，四肢细长，指、趾末端带有大吸盘，吸盘腹面呈肉垫状。指、趾间有发达的蹼，可以用它们在空中滑翔，并很适合它们的树栖生活。树蛙的外形和生活习性和雨蛙属很像，但是它们却并没有亲缘关系。

树蛙有毒吗

树蛙一般分为红眼树蛙、斑腿树蛙、红蹼树蛙等。它们通常都具有较强的自愈能力，皮肤表面都带有轻微的毒素，但是它们毒性都不大，对人类几乎没什么危害，最多对皮肤敏感的人有些轻微影响，所以我们还是不用很害怕树蛙的。

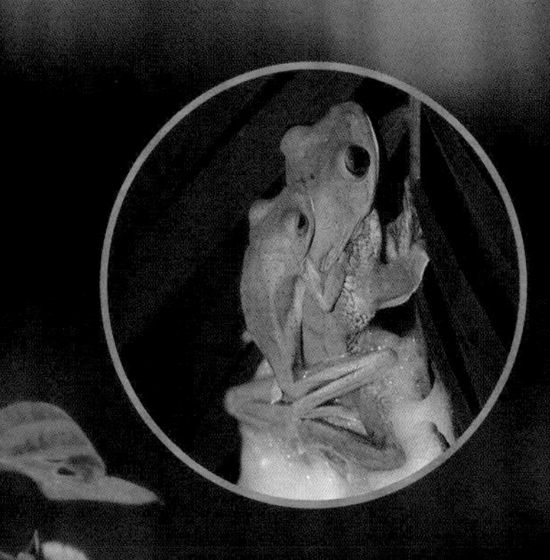

如何产卵

每到产卵的季节，树蛙就会选择一个安静的地方。水域上方的树叶或者静水边的泥窝以及草丛都是它们产卵的最佳场所。树蛙的卵被包裹在泡沫状的卵泡中，有些种类的树蛙卵泡还被树叶包裹着，这些特殊的产卵习性在蛙类中都属于比较少见的。孵化出来的卵会被雨水从树叶上冲落到下方的水域中，然后它们以蝌蚪的形式在水中生活 2～3 个月后逐渐发育变态成幼蛙，最后到陆地上生活。

马拉巴尔树蛙	
体长：约 10 厘米	分类：无尾目树蛙科
食性：肉食性	特征：脚部有吸盘，可以攀附在树皮和枝叶上

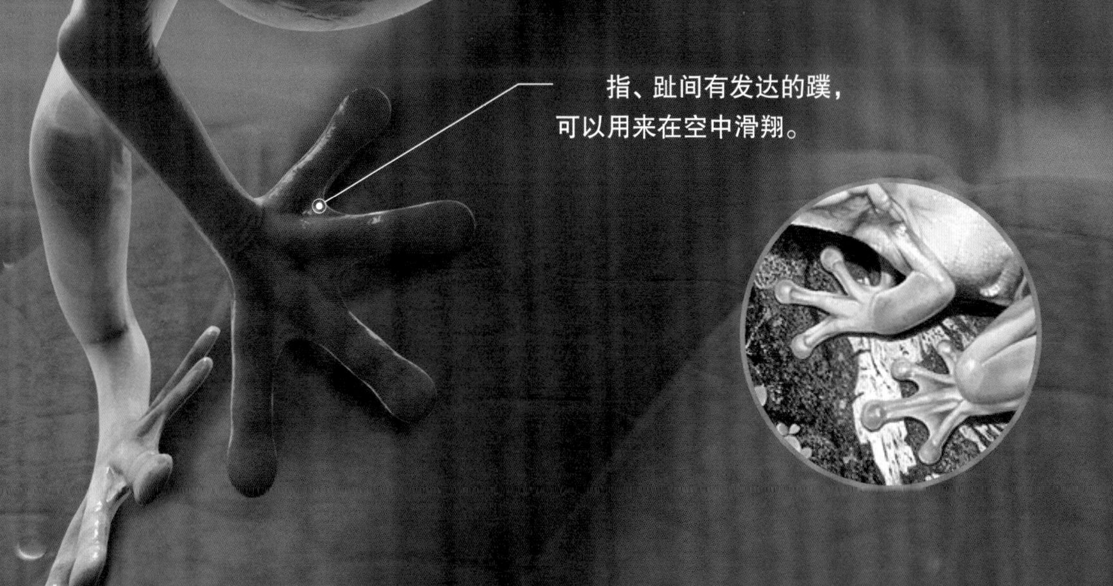

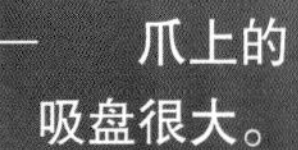

 树蛙和青蛙的区别

树蛙和青蛙都有绿绿的皮肤，大大的眼睛，长相非常相似。它们两个有什么区别呢？我们要如何区分它们？其中最重要的一点就是树蛙和青蛙的居住环境不同，树蛙常年生活在树上，偶尔也会回到陆地上居住。青蛙不会在树上居住，它们通常生活在水里和陆地上。

箭毒蛙

身含剧毒的蛙

这多姿多彩的大千世界总是让我们感叹造物者的神奇。箭毒蛙绝对是这个世界上奇特的存在，它们外表美丽却身怀剧毒。它们披着色彩艳丽的衣裳，似乎在炫耀自己的美丽，又仿佛在述说着自己的可怕。除了人类以外，箭毒蛙几乎再没有别的敌人。自然界中的食物是箭毒蛙毒性的主要来源，例如毒树皮或者毒昆虫，毒蜘蛛也是其中之一，食物中的毒性会被箭毒蛙吸收并转化为自身的毒液，所以野生的箭毒蛙毒性是很强的。

小身体，大毒素

箭毒蛙的体形大多很小很小，一般都不超过 5 厘米，但是身上的毒素却不容小觑。曾有科学家在南美研究箭毒蛙的时候，亲身感受了箭毒蛙的厉害。当他在丛林里解剖一个小小的箭毒蛙时，不小心划破了手指。顿时，他感到好像有一只强有力的大手掐住了他的喉咙，使他透不过气来。他赶快挤压伤口，阻断血液循环并吸吮伤部，但仍感到胸口很闷，他觉得自己就要死了，经过了两个小时，他慢慢有了好转，好在处理得及时，不然就会有生命危险。

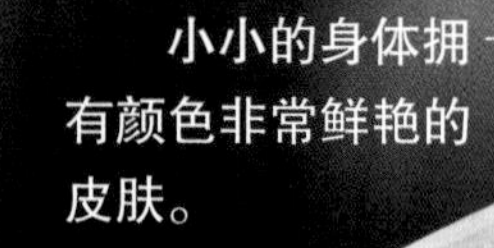

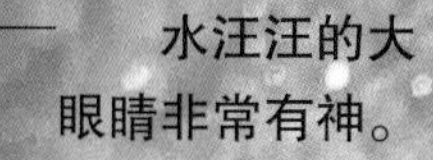

箭毒蛙的四肢布满鳞纹。

草莓箭毒蛙	
体长：17～22 毫米	分类：无尾目箭毒蛙科
食性：肉食性	特征：身体呈艳丽的红色和黄色，腿部为钴蓝色

猎奇者的最爱

箭毒蛙这么毒，还有人饲养它们！对于一些猎奇爱好者来说，箭毒蛙极大地满足了他们的好奇心。由人工繁殖出来的箭毒蛙是不存在毒性的，也不会对人类造成大的伤害，所以很多养蛙爱好者都无法抗拒它们如此美丽的外表。

雌性箭毒蛙会将孵化的蝌蚪背在身后，将它们运到足以使它们长大的水坑里。

双亲抚育策略

世界上的任何一种生物都摆脱不了一个艰巨的使命，那就是繁衍后代。在漫长的演化过程中，不同的物种形成了适合自己的繁衍模式，这使它们生生不息地生存在大自然中。箭毒蛙就形成了独具特色的亲代抚育策略，它们是称职的父母，不像其他蛙类，产下大量的卵后就扬长而去，它们不会抛弃自己的后代不管，而是由雌雄双方共同抚育，一夫一妻制的配偶关系会持续整个繁殖期。

如何产卵

每年 4 ～ 6 月是雨蛙的繁殖期。通常情况下，在繁殖的季节雨蛙会将卵产到适合卵孵化的水中。还有一些特别的雨蛙，它们会把卵产在潮湿的树叶上，这一类雨蛙可以直接在卵中发育成幼蛙，这样，它们就可以在一个相对安全的环境下长大，减少了自然界对其所造成的威胁。

雄蛙的咽下有单个外声囊，鸣叫时会膨胀呈球状。

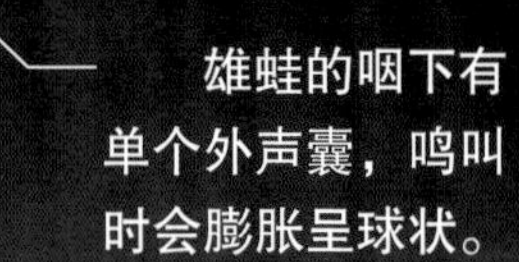

雨蛙

下雨就唱歌的雨蛙

小小的雨蛙有大大的能量！雨蛙只有 3 厘米长，和其他蛙一样，它们也有大大的眼睛，鼓鼓的声囊，还会一蹦一跳地走路。有些雨蛙还有自己的保护色，它们能与周围环境融为一体，把自己隐藏起来。它们白天会躲避在树根附近的洞穴中，到了晚上会潜伏在灌木上。雨蛙以昆虫为食，食量很大，一顿能吃掉很多害虫，所以农民伯伯们都很喜欢它们，它们在环保型农业上占有很重要的地位。在美洲地区存在许多种类的雨蛙，在欧洲、亚洲、北非种类较少，中国仅有 8 种。

中国雨蛙

体长：约 35 毫米	分类：无尾目雨蛙科
食性：肉食性	特征：身体小巧，皮肤表面比较光滑，有少量黑色斑纹

雨蛙的背面皮肤光滑呈绿色。

它们的指、趾末端有明显的吸盘，趾间有蹼。

如何饲养雨蛙

饲养雨蛙成体需要一个高一点的鱼缸，以防止它们跳出来，还可以在上面加一个网盖。可以放置一个粗一点的植物让它攀爬，而且一定要保持环境的湿润，定时喷水，温度保持在20～26℃。可以喂给它们小的活虫，例如蟋蟀。饲养蝌蚪时，可以喂一些面包屑。最好将大蝌蚪和小蝌蚪分开，如果食物不足，大蝌蚪就会把小蝌蚪吃掉，出现自相残杀的现象。

会唱歌的雨蛙

雨蛙是溪流边的小小歌唱家，歌声与水声一同奏响欢快的节拍。雨蛙喜欢在雨后纵声歌唱，尤其是在繁殖的季节，通常在雨蛙中会有一个领唱，它们先叫几声，然后就能听到众蛙齐鸣，雨蛙们个个都将声囊鼓成了球状，用尽了力气，声音非常响亮。

求偶的声音

不同种群的姬蛙在求偶时发出的鸣叫声音也具有不同的特征。它们都在 1.22kHz ~ 4.09 kHz 的范围发生着改变。

头部比较小，前端较尖。

姬蛙

背部带有木状花纹的蛙

竟然有蛙不是从小蝌蚪变来的！没错，生活在澳大利亚和新几内亚地区的姬蛙就是这么特立独行，它们小时候就是小蛙的样子，没有蝌蚪的阶段，产卵于水中，产下的卵直接孵化成小蛙。姬蛙体形很小，几乎不会长于 4 厘米，皮肤较光滑，有些皮肤上带有分散的小疣粒。主要分布于东南亚地区。大部分姬蛙生活在像非洲那样干旱的地区，也就只有在短暂的雨季才比较活跃。姬蛙科共有 65 属 580 多种，它们以白蚁、蚁和鞘翅目小昆虫为食。

独特的花纹

草丛中的姬蛙绝对是个不平凡的个体，它们背部带有独特的花纹，让人们一眼就能从众蛙中认出来。它们背部颜色呈灰棕色，腹部呈白色，背部带有斜深棕色花纹。花姬蛙的花纹清晰明显，左右对称的深棕色斜纹，一直延伸到四肢上，从上面看去就像一个三角箭头，箭头中间掺杂着黑棕色花纹，两眼间有连续或间断的黑棕色横纹。它们静止不动的时候就像是一块精心雕刻过的石头。

宠物角蛙

角蛙的长相滑稽可爱，因此许多人把它们当作宠物来饲养，是宠物蛙界的大明星。角蛙的食量很大，几乎每天都在吃中度过，这让它们进化出了一张大大的嘴，它们四肢粗短，身体矮胖，两只眼睛在头上凸起，懒懒的样子非常惹人喜爱。角蛙的皮肤由黄色、黄褐色、鲜绿色打底，上面分布着红色和棕色的花纹，皮肤上还凸起着大小不一的疣粒。它们常常栖息于南美洲温暖而较干燥的大草原地带，这些颜色和花纹都是它们的保护色。角蛙的种类至少有 6 种，其中最常见的就是钟角蛙，南美角蛙次之。亚马孙角蛙是角蛙中最珍贵的品种，又称为霸王角蛙。

角蛙捕食

角蛙为捕食性动物，通常只捕活的猎物。角蛙的视觉很奇特，由于它们双眼的距离太宽，导致它们看近处的物体不能够形成双眼视觉而显得模糊不清，所以它们只能捕食较远的猎物。对于近处的猎物只能凭借嗅觉捕食。它们不仅能够在陆地上捕食，还可以用下颌在水中捕食。

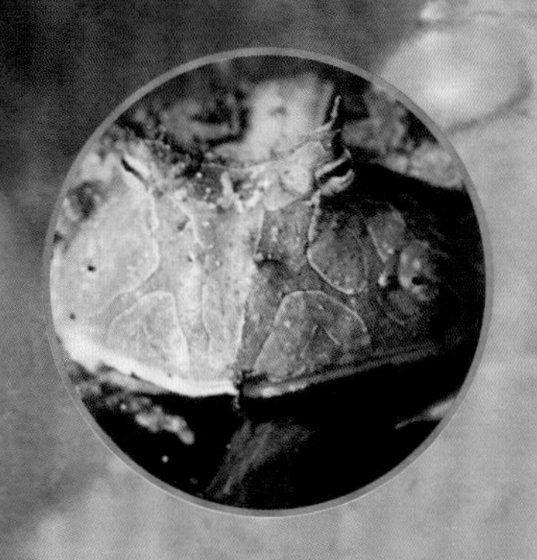

如何养殖

角蛙很好饲养，可以作为入门种类。角蛙是不喝水的，它们依靠皮肤来吸收水分和氧气，所以要饲养在一个有水的空间，它们很少活动，需要的空间并不大，只要保持水深不超过它们身高的一半就可以。可以喂昆虫、蚯蚓、金鱼、乳鼠等会动的食物，饲养一段时间以后，甚至可以喂它们吃肉，只需用镊子夹住肉在它们面前摆动。它们具有吃同类的习性，所以最好不要将其与小蛙一同饲养。

南美角蛙	
体长：8～12 厘米	分类：无尾目细趾蟾科
食性：肉食性	特征：身体呈绿色，有棕色的斑点，嘴巴特别大

眼睛向外凸起，非常可爱。

皮肤是它们第二大呼吸器官。

角蛙进化出了一张大大的嘴。

鼓鼓的大肚子

四肢短粗，这可能是它们比较懒的原因。

 敏感的皮肤

两栖类动物的皮肤是它们的第二大呼吸器官，它们靠皮肤汲取氧气。角蛙的皮肤具有通透性，对任何毒素都很敏感。日常生活中常见的发胶、杀虫剂、墨水、洗手液、肥皂，对它们来说都是有毒的物质。当你刚刚擦了护手霜摸了角蛙，它们就有可能因中毒而得皮肤病，它们的皮肤脆弱而敏感，需要小心呵护。

牛蛙

叫声如牛

牛蛙原产于北美洲落基山脉以东地区，因为它们的叫声跟牛很像，所以被称为牛蛙，也被叫作“美国水蛙”。1959 年牛蛙被引入中国，现在已经成为我国重要的水产品之一。牛蛙是体形最大的蛙之一，个头大，并且长得快。它们常常生活在气候温暖的地区，常栖息于小型湖泊、池塘、沼泽、稻田中。背部呈绿色并带有棕色的网状花纹，那是它们适应环境的保护色。牛蛙的食量很大，它们通常捕食昆虫、小虾、小蟹、小鱼以及一些无脊椎动物。当它们还是蝌蚪的时候主要吃一些浮游生物、藻类和昆虫的幼虫，有时也会吃一些苔藓和水生植物。

出色的猎食者

活泼好动的牛蛙还是个出色的猎食者，每当夜幕降临时，牛蛙们就开始密谋如何捕猎了。它们身上的花纹将它们完美地隐藏在植物和泥土之中，虽然身体一动不动，但是两只眼睛时刻注视着周围的一切，两条粗壮的大腿时刻准备着将自己“发射”出去。牛蛙灵活的舌头上沾满了黏液，只要发现猎物就立刻发射出去，黏液会将猎物死死粘住，然后猎物就老老实实地进入了牛蛙的血盆大口，紧接着它就会咬住猎物，吞下去。

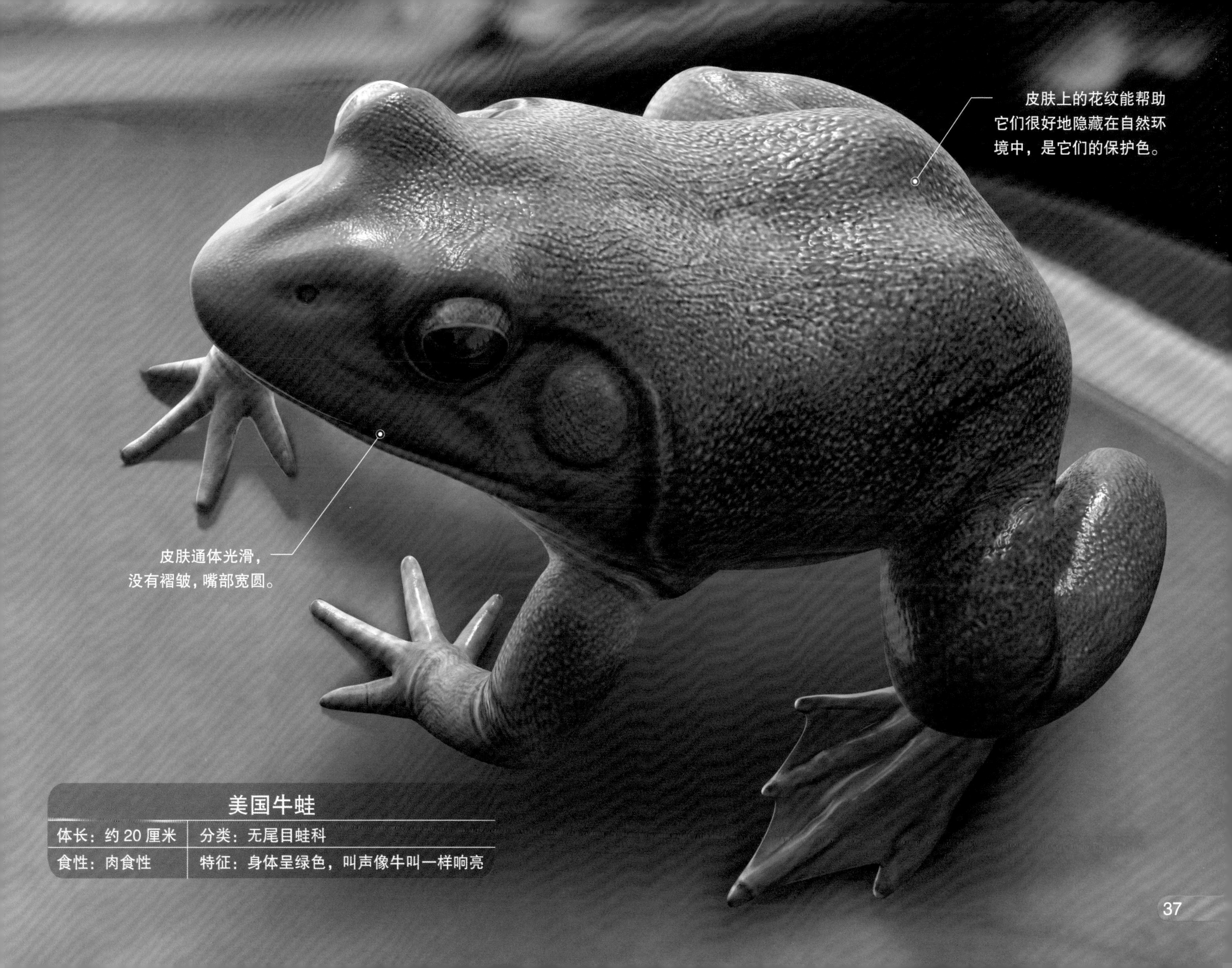

美国牛蛙

体长：约 20 厘米	分类：无尾目蛙科
食性：肉食性	特征：身体呈绿色，叫声像牛叫一样响亮

林蛙

中国独有的蛙

林蛙在蛙类中是具有一定地位的，也称得上是个名贵品种。林蛙又被称为“哈士蟆”“雪蛤”，分布于中国东北地区。它们四肢细长，跳跃能力极强，行动敏捷。它们背部呈土黄色，背部凸起部位分布有黑色斑点，头部两侧有褐色三角形斑纹，两只后腿上也分布有黑褐色横纹，显得大腿健壮有力。林蛙通常生活在湿润阴凉的环境中，以各种昆虫为食。林蛙的一生分为两个阶段，前半生生活在水中，后半生生活在陆地上，到了九、十月份它们会进入冬眠期，这时会待在安全的地方等待春天的到来。

林蛙油

因为林蛙冬天在冰封的河流、雪地下冬眠 100 多天，所以又将林蛙称为雪蛤。在东北，林蛙是非常珍贵的蛙种。林蛙油取自雌性林蛙身上的输卵管，经过晒干、提取等特殊技术处理加工而成，形态和脂肪很像，主要成分有游离氨基酸和动物激素。林蛙油营养价值高，是上等的补品。林蛙油干需要经过浸泡以后才能食用，浸泡以后颜色雪白，形态膨大，质感松软。

黑龙江林蛙

体长：4～6厘米	分类：无尾目蛙科
食性：肉食性	特征：眼部后面有黑色的斑纹

奇异多指节蟾

由大变小的蛙

古老的亚马孙丛林永远不会让一个探索奥秘的人失望而归，那里有你永远探索不完的神奇生物。在亚马孙流域和特立尼达岛上生活着一种具有“返老还童”本领的蛙——奇异多指节蟾。奇异多指节蟾在还是蝌蚪的时候就有 25 厘米长，你一定认为等到它们长大成蛙的时候会更大，但事实恰恰相反，变态成蛙以后最多也不超过 7 厘米，正是因为这有违常理的现象，所以也叫“不合理蛙”。它们变成蛙以后体形变小了，身体也更加灵活。它们生活在水中，光滑的皮肤和灵活的身体让它们轻松应对各种危险，是蛙类家族中的机灵鬼。

 生活在水中

奇异多指节蟾从蝌蚪变成一只蛙以后，就开始了它们在水中的生活，它们会常年栖息在水中。它们平时最喜欢浮在水面上，会将自己的鼻孔和突出来的眼睛露出水面，观察着周围的一切。如果发现周围有危险情况，它们就会一下钻进水底的泥潭中躲避起来，即使遇到大鱼追击，它们也可以利用滑溜溜的身体将敌人甩掉，然后消失得无影无踪。

 名字由来

当一支科学考察队经过南美洲的亚马孙河流域时，他们发现了一种巨大的蝌蚪在水中摇摆着身体，于是这个蝌蚪激发了他们探究下去的兴趣，他们停下脚步开始研究这种巨型蝌蚪。科学家推测这种蝌蚪发育成成蛙以后体形应该会更大，甚至可能超过 1 米。但是科学家在附近并没有找到相应体形的成蛙，这是为什么呢？当科学家将它们带回实验室观察研究后，终于找到了答案。原来它们发育成成蛙以后体形并没有变大，反而缩小了，而且成蛙就是当地非常普通的蛙，这一现象超乎常理，于是科学家给它们取名为“不合理蛙”。

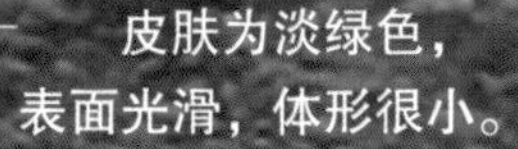

奇异多指节蟾	
体长：约 7 厘米	分类：无尾目雨蛙科
食性：肉食性	特征：皮肤为淡绿色，蝌蚪远大于成年蛙

中华大蟾蜍

常见的“癞蛤蟆”

中华大蟾蜍这个名字听起来很洋气，其实它们就是人们常常看到的“癞蛤蟆”！它们身体呈深棕色，皮肤粗糙，皮肤上长有圆形疣粒，圆圆的大眼睛向外突出，对于活动的物体非常敏感，分叉的舌头可以随时吐出来捕捉猎物。中华大蟾蜍分布广泛，适应能力强，能够生活在不同海拔的各种环境中。它们性情温顺，行动迟缓，多栖息在草丛、石下、土穴中，天黑以后才出来觅食。中华大蟾蜍的食性很杂，捕食各种昆虫，有时还吃活的小动物，甚至是小蛇都不放过。在秋冬季节，中华大蟾蜍会躲起来冬眠，次年的惊蛰时分再出来活动。

有毒的皮肤

中华大蟾蜍全身呈深褐色，皮肤表面布满了疣粒，非常粗糙，让人看了以后不愿意接近。耳朵后部还长着一对耳后腺，那是它们分泌毒液的地方，它们的皮肤腺也可以分泌毒液。它们的毒液就是民间所说的“五毒”中的一毒，毒性直达心脏和神经系统，可致命。虽然中华大蟾蜍身带可怕的剧毒，但是它们性情温和，不会随便放毒的。

如何饲养

中华大蟾蜍体形大，性格温顺，非常容易饲养。饲养中华大蟾蜍时需要干湿分离。和其他无尾目一样，中华大蟾蜍主要以昆虫为食，可以喂给它们蟋蟀、蚯蚓、面包虫等。中华大蟾蜍具有很强的适应能力，温度保持在 20～30℃就可以，它们有冬眠的习惯，不过可以通过提高温度阻止它们冬眠。中华大蟾蜍个性谦和，可以混养。

中华大蟾蜍

体长：10 厘米以上	分类：无尾目蟾蜍科
食性：肉食性	特征：身体表面有很多疣状物，耳后的毒腺能分泌毒液

锄足蟾

自带挖洞工具的“劳动者”

那些生活在荒凉沙漠中的动物，看似熟悉，却又叫不上名字。锄足蟾就生活在这样恶劣的环境中，因为它们足部凸出的构造而得名。为了躲避沙漠的炎热和干旱，它们一年中有 10 ～ 11 个月的时间都是在地下的洞中生活的，通常在夜间出来活动。每当雨水敲打地面，成群的锄足蟾就开始出洞觅食，它们必须要趁此机会将自己喂得饱饱的，不用担心吃不下，因为它们的胃能够装下自己体重一半的食物，然后再次钻到洞中，等到次年夏季的暴雨将它们唤醒。

爱挖洞的锄足蟾

锄足蟾脚上锋利的铲子可不是装饰品，那是它们天生就自带的工具。在沙漠中，它们常年生活在地下，所以要靠自己足部的铲子在沙地中挖洞。幼小的锄足蟾足部的铲子还没有发育得足够锋利，不能像成年的锄足蟾一样快速地挖洞，它们只能寻找干裂泥地上的裂缝和树木下面的空洞来藏身，如果没有找到躲避的地方，它们就只能被烈日晒死。

脚上的“铲子”

锄足蟾圆鼓鼓的身材，大大的眼睛，从外观上看起来和普通的蛙并没有太大的差别。任何一个物种都是这世界上独一无二的存在，锄足蟾最大的特点就是它们的后足有个锋利的凸出物，呈黑色，形状为铲形，就像是在足部长出了一个铲子。“锋利的铲子”有大大的用处，能够帮助它们在沙漠中挖土，是再好不过的工具了。

棕色锄足蟾

体长：最大约 10 厘米	分类：无尾目锄足蟾科
食性：肉食性	特征：后足上有一对角质化的“铲子”

神奇的大自然孕育着千千万万种生物，你也许见过时时刻刻带着自己孩子的袋鼠或者考拉，但是你见过将上百个孩子背在背上的动物吗？它们是一种既神奇又伟大的生物——负子蟾。负子蟾分布于南美洲和中美洲的原始森林中。它们体长约 10 厘米，皮肤呈黑褐色，没有眼睑，眼睛无法移动，更奇特的是它们的嘴里没有舌头。雌蟾用自己的背部皮肤为宝宝提供发育的场所，等到幼蟾长大离开母体，雌蟾会立刻在树上或者石头上蹭皮，让皮肤上层脱落，恢复到繁殖以前的样子。因为它们把孩子背在身上，所以被称为负子蟾，雌性负子蟾个个都是伟大的母亲。

负子蟾的成长

当负子蟾还是受精卵的时候就趴在妈妈的背上，在它们成长发育的前 20 周都会待在妈妈的背上，妈妈走到哪儿就会将它们背到哪儿，见证着它们成长的变化。受精卵在妈妈的庇护下变成了小蝌蚪，慢慢地它们发育成幼小的蟾蜍，在整个脆弱的成长阶段，它们被伟大的母亲精心呵护着，不会受到一点伤害。

繁殖期的舞蹈

每到 4 月份，就迎来了负子蟾的繁殖期，负子蟾的繁殖方式非常特别。每到繁殖期，雌性负子蟾就会发出一种特殊气味，用来吸引雄性负子蟾。雄蟾则会“闻香”前来，雄蟾遇到雌蟾之后会紧紧抱住雌蟾的后肢，这时的雌蟾依然非常不安静，即使这样雄蟾也不会松开雌蟾，而是与它一同在水中翻转，就像是跳着双人水下芭蕾。

奇怪的产卵方式

负子蟾的产卵方式非常奇特，在繁殖期雌蟾的背部会变得像海绵一样柔软，雌蟾会一颗一颗地排出卵子。雄蟾会抓紧机会给这些卵受精，然后用足部夹起受精卵，并将它们放到雌蟾背部的小窝中。卵下的皮肤就会逐渐变厚，边缘不断增长以至于将整个卵镶嵌到皮肤里。这些受精卵就会待在雌蟾的皮肤里慢慢发育长大。

负子蟾	
体长：约 10 厘米	分类：无尾目负子蟾科
食性：肉食性	特征：身体扁平，可以利用背部的皮肤生成一个个孔洞来养育后代

卵在雌蟾皮肤里孵化。

体形较小，皮肤呈黑褐色。

它们没有眼睑和舌头。

髭蟾

长“胡子”的蟾蜍

你相信吗？有一种蟾它们会长出“胡子”来，它们就是髭蟾。雄性髭蟾在发育期，上颌边缘都会长出 4～48 枚黑色的角质刺，它们由此而得名，也被人们称为“世界上长有最多胡子的蛙”。髭蟾的头部宽大，吻部呈半圆形，舌头宽大，头上两个圆圆的大眼睛非常漂亮，眼球分为两种颜色，上半部分呈蓝绿色，下半部分则呈深褐色，经阳光照射后瞳孔缩成一条竖缝。它们分布在中国的一些自然保护区内，是我国特有的蟾蜍。髭蟾常常栖于海拔 800～1000 米的林间，白天休息，晚上出来活动，主要以蟋蟀、竹蝗、金龟子等害虫为食。

峨眉髭蟾的发现

峨眉髭蟾这一品种是中国两栖爬行动物学家刘承钊先生发现的。在 1938 年 8 月 21 日的一场大雨过后，刘承钊很幸运地在大峨寺的山坡上遇到了一只雌性成体。这一次有缘的相遇使一个新的蛙种被发现。在 1940 年至 1945 年间，他又在不同地区寻得许多成体及蝌蚪，经过 7 年的研究，终于确定为一个新属新种，并命名为“峨眉髭蟾”。

独特的繁殖时间

髭蟾平时都隐蔽起来，很少外出，但是到了求偶的季节，它们就开始活跃起来，夜晚的时候会出现在海拔上千米的丛林中，开始高声鸣叫，用美妙的歌声吸引异性。在发情期雄性上颌边缘都会长出角质刺。在配对后就开始了它们的繁殖之路。髭蟾的繁殖习性非常特别，它们在 11 月份繁殖，这时大多数两栖类动物都已经进入冬眠了。

崇安髭蟾
体长：6～9厘米
分类：无尾目角蟾科
食性：肉食性
特征：嘴巴上有一圈角质刺
头部宽大，嘴巴呈半圆形，眼睛大而外突。
眼睛颜色特殊，上半部分是蓝绿色，下半部分是深褐色。
雌性髭蟾上颌边缘分布着米色小点，雄性髭蟾的上颌长有黑色角质刺，因此又被叫作“胡子蟾”。
前肢比后肢要长，趾间有蹼。

爪蟾

终生生活在水中

所有的蛙都会到岸上来吗？并不是这样的，有一种蛙是水生蛙，比如爪蟾。它们完全水栖，无论是处于蝌蚪时期还是长成成蛙以后，一生都生活在水里，而且生活在淡水水域中，尤其喜欢安静无人打扰的环境。爪蟾原产于非洲东南部，分布在非洲东南部的池塘及河流中。由于生活在水中，它们的后肢具有发达的蹼，但是前肢无蹼。它们的头呈三角形，没有舌头，流线形的身材能够在水中来去自由。在不同的环境中，可以改变自己身体的颜色，由灰绿色变成黑色来隐藏自己，白天它们会躲在水底深处，到了夜晚才出来活动。主要以水中的小鱼、虾、蟹等为食。

繁殖期有什么变化

到了繁殖的季节，雌蟾和雄蟾会有明显的差别。雄蟾会收紧喉内肌，唱出美妙的“歌声”来吸引雌蟾，动心了的雌蟾同样会发出声音回应，发出拍击声则为接受，发出缓慢的滴答声则是拒绝。雌蟾与雄蟾在水中交配，在这期间雌性爪蟾的泄殖腔唇会突出变成红色，雄性的前臂内侧会长出黑色的“婚垫”，这一结构能够让雄蟾在繁殖时牢牢抱住雌蟾。雌性爪蟾一般怀卵为 1600 颗左右，一次产出量为 100 ~ 300 颗。

非洲爪蟾

体长：可达 12 厘米	分类：无尾目负子蟾科
食性：肉食性	特征：头部及身体扁平，后肢强劲，有发达的趾蹼

成长中的变化

爪蟾的受精卵是乳白色的，外部有较厚的卵胶膜，大概发育 1 周的时间，它们就会变成小蝌蚪的样子。经过 4 天，卵胶膜就会被吸收掉。再经过 7 天，蝌蚪就开始游动。处于蝌蚪时期的它们全身是透明的，有一个大大的头，从头的背部可以清晰地观察到内部的结构组织和神经的走向，口部有两条口须，尾部尖长，在腹部两侧还有一个倾斜的出水口。18 周之后就会长成幼蟾，然后离开母蟾。

铃蟾

舌头是盘状的蟾蜍

在欧洲到东亚一带，生存着一种比较古老的动物，它们被称为铃蟾，在这片土地上已经生存了几千万年，还依然保存着原始的状态。它们喜欢在山溪、沼泽附近栖息。成蟾很懒，它们行动迟缓，多爬行，在受到惊吓以后还会装死。最可爱的是，它们的瞳孔呈圆形或是心形。繁殖季节，成群的铃蟾会进入水塘或泥坑，并将卵产在溪水中的石头下或是直接将卵产在泥塘内。目前现存有 7 种铃蟾，分布于欧洲和亚洲东部，中国有 4 种铃蟾，其中东方铃蟾分布最广。

有毒的皮肤

铃蟾的背部皮肤粗糙，多为绿色，腹部的颜色鲜艳醒目，多为橘红色与黑色相间，掌心也是鲜艳的橘红色。鲜艳的颜色往往都是危险的警告，铃蟾也不例外，它们鲜艳的腹部皮肤是有毒的，在遇到危险的时候，它们会将腹部朝上，举起四肢，将鲜艳的颜色裸露出来，发出警告，同时会分泌毒液保护自己。

食性杂广的铃蟾

如果饲养铃蟾，你就会发现，所有常见的小虫都能被列入铃蟾的菜单里，不仅有蟾类都吃的蟋蟀、蚯蚓，还有蜡虫、黑虫、小蚕、黄粉虫等。虽然它们只吃活食，但是它们的舌头是呈盘状的，无法外翻，所以无法捕捉活力太强的食物。

如何饲养铃蟾

铃蟾可以饲养在水族箱中。铃蟾属于半水栖的两栖类动物，所以最好给它们创造一个有土地和水域的半水环境，将沙砾的一边堆积较高，另外一边加水，露出砂砾的部分应该覆盖上一些苔藓、土壤或者大岩石，还应该提供一些可以躲避的环境，比如软木树皮、浮木、岩石或假植物。铃蟾通常喜欢漂浮在水面上，很少在水下游泳，所以水域不用过深。但是无论饲养在怎样的容器中，盖子是必需的，因为它们都是跳高高手。

东方铃蟾	
体长：约 4 厘米	分类：无尾目铃蟾科
食性：肉食性	特征：腹部为橘红色，有黑色的斑点，背部翠绿色，表面有很多小疙瘩

体表不光滑，长有很多小疙瘩。

强大的自我保护本领

蔗蟾不仅样子吓人，而且本领高强。它们的皮肤腺能够分泌剧毒，眼睛后方的巨大腮腺也能够分泌毒液，当生命受到威胁的时候，它们就会分泌一种白色像牛奶一样的液体，这种液体的毒性很大。除了分泌毒素的本领，它们还能扩张肺部使身体膨大来吓退捕食者。

世界上最大的蟾蜍

蔗蟾是世界上最大的蟾蜍，第三大蛙，目前最高纪录，最大的蔗蟾长达 40 厘米，重达 3 千克，样子也非常吓人。在野生蔗蟾中，蔗蟾平均体重常常超过 1 千克，因此它们被称为“蟾中之王”。尽管它们在蝌蚪时期只有 1 厘米长，但这毫不妨碍它们长成蟾中霸王。

蔗蟾

体形最大的蟾蜍

蔗蟾是世界上最大的蟾蜍，又被叫作海蟾蜍、美洲巨蟾蜍、甘蔗蟾蜍。蔗蟾并不是水生生物，而是陆生生物，每年只有在繁殖期的时候才会到水边，只有蝌蚪可以在水中生存。蔗蟾的皮肤干燥而且粗糙，皮肤上带有黑色或褐色的疙瘩，它们皮肤的液腺能产生剧毒，在卵和蝌蚪时期都和成体一样带有毒性，因此它们几乎不害怕任何肉食动物。蔗蟾喜欢栖息在开放辽阔的草原及林地，白天多潜伏隐蔽，黄昏后才出来活动。一张大嘴既可以吃下细小的啮齿目、爬行类动物，也可以捕捉两栖类、鸟类和一些无脊椎动物。在野生环境下它们可以活到 10～15 岁，如果是养殖的环境下可以活得更久。

胶状的卵

蔗蟾通常将卵产在水中，它们的卵呈凝胶状，卵是黑色的，表面有薄膜覆盖。蔗蟾一次可产出 8 000～25 000 颗卵，长达 20 米，呈串状漂浮在水中。它们孵化的时间因温度而决定，水温越高卵孵化得越快，一般在 24～72 小时即可孵化成小蝌蚪， 孵化出来的小蝌蚪都是细小的黑色蝌蚪，需要经过 12～60 天才能长成幼蟾。

蔗蟾

体长：最大可达 40 厘米	分类：无尾目蟾蜍科
食性：肉食性	特征：体形庞大，身体表面有很多疙瘩

第三章
冷血杀手——蛇

球蟒	
体长：约 1 米	分类：有鳞目蟒科
食性：肉食性	特征：身体不长，受到惊吓的时候会缩成一个球形

球蟒的嘴部边缘长着相当于“热源感应器”的器官，有助于它们在夜间捕食。

球蟒

性格温和的“小个子”

在非洲生活着一种蟒蛇，它们适应能力极强，从草原到树林，无处不安家。它们在“大块头”的蟒蛇家族中属于“小个子”，成体只能长到 1 米左右。当球蟒遇到危险，感到紧张的时候，它们会将自己紧紧地缩成一个球，并把头藏在中间，也正是因为这样的自保方式，人们给它取名为球蟒。球蟒生性温和，主要捕食一些小型哺乳动物。它们喜欢光线昏暗的环境，在白天，它们会躲避起来，到黎明和黄昏时分，它们就会异常活跃。它们的眼睛是在黑暗中狩猎的利器，可以帮助它们在黑暗中快速穿梭。

如何产卵

球蟒属于卵生动物，每到12月至次年的1月球蟒就进入了繁殖期，球蟒通常2～3年才发情一次。雌蛇每年夏季会产下4～10颗卵。它们具有护卵的习性，产卵后它们会用身体将卵缠绕，孵化期一般不会超过60天，但在这期间，雌蛇会停止进食，寸步不离地保护着自己的宝宝，雌性球蟒个个都是伟大的母亲。

性情温和

因为球蟒是性格温和的小个子，所以现在越来越多的人选择把它们当作宠物来饲养。当它们适应了饲养环境以后，饲养者用手把它们拿起，它们不仅不会攻击，反而会轻轻地将身体卷在主人的手臂上，与主人互动嬉戏。这样温和的性格十分讨人喜欢。

绿水蚺

顶级巨蛇

绿水蚺长什么样？它们就是恐怖片《狂蟒之灾》中巨蟒的原型。绿水蚺也称“森蚺”，是世界上最大的蛇之一，它们体长可达 8.5 米，体重超过 200 千克。它们常常存在于人们的传说中，有关巨型绿水蚺吃人的传闻也有很多，但是人们始终不能确定它们是否真的吃人。绿水蚺喜欢生活在有水的地方，主要以水鸟、龟、水豚、鱼、貘等为食，也捕食一些大型哺乳动物。虽说它们是亚马孙丛林中最可怕的“庞然大物”，但是在它们刚出生时仅仅只有几十厘米。雌性绿水蚺一胎可生下七十条幼蚺，因为幼小的绿水蚺体形和父母的体形相差甚远，所以它们常常会遭到凯门鳄的猎食。不过，当它们长到体形巨大的时候，凯门鳄见了它们就会逃之夭夭。

大力绿水蚺

提到蛇我们就会想到它们会分叉的舌头、锋利的尖牙和可怕的毒液。但是对于绿水蚺来说，致命的武器不是尖牙和毒液，而是无人能及的力气。当它们遇到猎物时，会用身体将猎物缠绕，然后狠狠地缩紧身体，将猎物的骨骼挤压得粉碎。

体重最重的蛇

绿水蚺是世界上最大的蛇类之一，最普通的绿水蚺体长可达到 5～6 米。曾经有人发现长达 8.5 米的绿水蚺。这条绿水蚺的体重高达 225 千克，是已知体重最重的蛇。

绿水蚺	
体长：最长约 8.5 米	分类：有鳞目蚺科
食性：肉食性	特征：身体呈黄绿色，有黑色的斑纹，体形巨大

绿水蚺和蟒蛇有什么不同

绿水蚺和蟒蛇从外形和颜色上看基本相同。但是绿水蚺是比蟒蛇更加古老的种类，它们比蟒蛇出现的时间更早。蟒蛇属于卵生，而绿水蚺是属于卵胎生的。一般来说，绿水蚺的个头要比蟒蛇更大更重。

缅甸蟒

亚洲第二大蟒

缅甸蟒是印度蟒的亚种，也是一类巨型蟒蛇。雌性的缅甸蟒比雄性更为巨大，它们的头较小，没有毒性。缅甸蟒原产于东南亚地区，大多数生活在热带雨林中，喜欢栖息在靠近水源的地方，人们有时也会在树上发现它们。缅甸蟒经常隐藏于矮树丛中，到寒冷的季节，北方的缅甸蟒会进入冬眠状态。当它们的双眼呈现雾状，之后又慢慢变得清晰，就说明它们要开始蜕皮了。缅甸蟒每 3～6 周会蜕一次皮，蜕皮是它们一生中必须要经历的事情。缅甸蟒的一生中身体会不断地生长，它们寿命通常在 15～25 年。

入侵物种

缅甸蟒是亚洲原产巨蟒，很多国家引进缅甸蟒作为宠物，但是缅甸蟒凭借超强的环境适应能力，在当地建立了种群，强势入侵。在美国加利福尼亚州，被引进的缅甸蟒会排挤、攻击，甚至捕食当地的本土蟒蛇。缅甸蟒的数量疯狂增长，而本土蟒蛇因为遭到捕食，栖息地被霸占，数量锐减。缅甸蟒的引进，破坏了加利福尼亚州的生态平衡，也给那里的人们带去了灾难，自从那里的缅甸蟒泛滥以后，常有缅甸蟒吃人的事件发生。

游泳能手

缅甸蟒生存在热带雨林中，它们从小就生活在树上或者地面上，但是等到长大以后，体重逐渐增长，树上已不再适合它们活动，它们的活动范围局限在地面上。缅甸蟒除了能够生活在地面上，它们还是游泳能手，能够在水中停留长达半个小时之久。

缅甸蟒（印度蟒亚种）
体长：最长约 6 米
分类：有鳞目蟒科
食性：肉食性
特征：浅棕色，有深色的花纹
头部较小，嘴部扁平，长有唇窝，无毒。
身体棕褐色，背部呈黄色，分布着不规则的深棕色大斑点。

眼镜蛇

致命毒液喷射者

毒蛇是长相恐怖又带有毒素的生物，让人又惧又怕，其中眼镜蛇是最让人感到恐怖的毒蛇。眼镜蛇分布较广，在热带和亚热带区域至少生存着 25 种眼镜蛇，其中有 10 种可以直接向猎物眼睛中喷射毒液，导致猎物失明，绝对是丛林中最凶狠的捕猎者。眼镜蛇上颌骨较短，前端具有沟牙，能够喷射毒液。即使牙齿被拔掉，也会重新长出来。它们喜欢生活在平原、丘陵、山区的灌木丛或竹林里，也会出现在住宅区附近。它们的食性很广泛，蛇、蛙、鱼、鸟都是它们捕食的对象。

蛇蜕是什么

蛇蜕就是蛇在蜕皮时脱下的皮。它们每 4～5 周就会进行一次蜕皮，这种自然蜕皮的能力被人们神化，就相当于一次重生。在蜕皮时，蛇的外层皮肤会脱落，留下一层薄薄的蛇蜕，蛇蜕上面还可以清晰地看到鳞片的印记。蜕皮后的眼镜蛇浑身泛光，就像擦了一层油。进行一次蜕皮之后，在短期都不会再次蜕皮，直到受到化学或者其他生理因素的影响才会再次蜕皮。

致命的眼镜蛇

眼镜蛇具有可怕的毒素，让人感到非常恐怖，但是眼镜蛇每次释放毒素之前都会做出很明显的动作。它们会将身体前段竖立起来，同时收紧颈部，使两侧颈部膨胀，并且会发出“呼呼”的声音。如果被眼镜蛇咬住，它们会从牙齿注射毒液，毒液会麻痹猎物的神经系统，猎物会马上毙命。

舟山眼镜蛇	
体长：1～2米	分类：有鳞目眼镜蛇科
食性：肉食性	特征：颈部的肋骨可以张开形成一个类似扇子的结构，上面有类似眼镜的花纹

行走在危险边缘的耍蛇人

在印度，有人冒着生命危险与蛇一起工作，他们就是传统的耍蛇人，他们要靠耍蛇来养家糊口。耍蛇时，耍蛇人要激起蛇的愤怒，使它们挺起胸膛，鼓起脖子，而在这期间耍蛇人也要想尽办法避免自己被蛇咬到。传统耍蛇人对危险把控得如此精准，令人叹服。

扫一扫画面，小动物就可以出现啦！

眼镜王蛇

“蛇类煞星”

蛇类具有独特的爬行方式，它们一生都要用肚皮贴着地面爬行，加上它们可怕的外表，使人心生畏惧。而在所有蛇的种类中，没有哪种蛇比眼镜王蛇更加恐怖了。它们和眼镜蛇一样，遇到危险就会挺起胸膛，鼓起脖子，张大嘴巴，发出危险的信号。眼镜王蛇很凶猛，通常只吃其他蛇类。在眼镜王蛇生活的环境中，它们是站在食物链顶端的捕食者，在它们栖息范围内很难找到其他蛇。聪明的眼镜王蛇能够分辨其他蛇是否有毒，它们从来不会将毒液浪费在无毒蛇身上。对于有毒的蛇，它们也从不惧怕，因为它们体内含有抗毒血清，即使被有毒的蛇咬到也会安然无恙，因此眼镜王蛇又被称为“蛇类煞星”。

眼镜王蛇与眼镜蛇的区别

虽然眼镜蛇和眼镜王蛇是同科的蛇，但是它们并不是一种蛇，两者之间也是存在很大差别的。眼镜王蛇比眼镜蛇要大许多，眼镜王蛇可以达到几十千克，而眼镜蛇却只有几千克。眼镜蛇具有典型的眼镜状花纹，而眼镜王蛇颈部花纹呈倒“V字形”。眼镜王蛇有两个较大的枕鳞，而眼镜蛇没有。和眼镜蛇相比，眼镜王蛇更加凶狠。

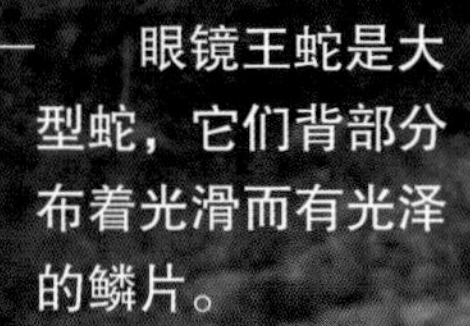

眼镜王蛇是大型蛇，它们背部分布着光滑而有光泽的鳞片。

捕食同类

眼镜王蛇是蛇中之王，它们是一种性情残暴的蛇，它们的凶残体现在它们捕食自己的同类，只把自己的同类作为食物。眼镜王蛇会用自己的毒液攻击其他的蛇，即使是毒蛇它们也毫不畏惧，一并吞掉。它如此强势地站在食物链的顶端，真的没有天敌了吗？眼镜王蛇不仅凶猛而且睿智，通常情况下它们不会去攻击特别大的动物，如果遇到更加危险的对手，它们也会避而远之。

眼镜王蛇	
体长：4～6 米	分类：有鳞目眼镜蛇科
食性：肉食性	特征：体形比眼镜蛇要大，是世界上最长的毒蛇之一

体色是黑色，均匀地分布着横条纹。

可怕的蛇毒

眼镜王蛇成年以后体长可达五米多，它们是世界上最可怕的毒蛇。虽然它们的毒素不是最毒的，但是毒液量是最大的。眼镜王蛇一次可以排出毒素 400 毫克，毒液量足以杀死一头大象。它们的毒液呈淡黄色透明状，注入人体以后，会迅速侵袭人体的中枢神经系统，除了剧痛的反应外还会导致麻痹、休克、呼吸衰竭直至死亡，眼镜王蛇的毒素让很多人不寒而栗。

响尾蛇

尾巴会发声的蛇

在沙漠中那些被风吹过的松沙地区，常常会发出“沙沙”的声音，那也许不是沙子的声音，可能是响尾蛇在附近游荡。响尾蛇的尾部可以通过振荡发出响亮的声音，也正是因为这样它们被人们称为响尾蛇。响尾蛇的体形大小不一，主要分布在加拿大至南美洲一带的干旱地区。它们主要以其他小型啮齿类动物为食，是沙漠中可怕的杀手。响尾蛇的毒素可以致命，即使是死去的响尾蛇也同样存在危险，有时响尾蛇也会攻击人类，美国是遭受响尾蛇攻击人数最多的国家，人们会因为它们攻击人类而屠杀它们，所以更应该加强对响尾蛇的研究与保护。

会发声的尾巴

响尾蛇的尾巴是自身的警报系统，当危险来临，响尾蛇的尾部会发出“沙沙”的响声，那是大自然中最原始的声音。它们尾巴的尖端长着一种角质环，环内部中空，就像是一个空气振荡器，当它们不断摆动尾巴的时候就会发出响声，这样摆动尾巴并不会消耗它们很多的体力。个头小的响尾蛇，它的角质环震动频率高，发出的声音大。

敏锐的探测系统

响尾蛇具有像猫一样灵敏的眼睛，眼睛下方有一对鼻孔和一对颊窝，颊窝是响尾蛇的热敏器官，大多数毒蛇都具备这种热感应系统，这能帮助它们探测周围不远处温度的微小变化。美国在空对空导弹上安装的“红外导引”装置就是从响尾蛇的热感器官得到的启发。

菱背响尾蛇

体长：超过 2 米	分类：有鳞目蝰蛇科
食性：肉食性	特征：尾巴上有一个能发出声音的角质环，背部有菱形花纹

毒液

所有的响尾蛇都有毒，但是它们的毒液不会对它们自身造成伤害，即使咽下去，也不会中毒。不过在其他动物身上就没有那么幸运了，响尾蛇的毒性很强，它们属于管牙类毒蛇，主要通过牙齿注射毒素。被注入毒液的猎物很快就会麻痹死亡。

皮肤呈黄绿色，背部分布着菱形黑褐斑。

竹叶青蛇

隐藏在绿叶中

在海拔 150～200 米的山区树林里，躲藏着一种树栖蛇，它们被叫作竹叶青蛇。竹叶青蛇浑身翠绿的颜色让你很难在树丛中发现它们，它们两只眼睛的瞳孔呈红色，远远看去就像是翡翠上点缀了两颗红宝石。身体两侧红白相间的花纹就像是围绕在身上的缎带，这绝对是大自然最美的杰作。它们喜欢将自己的身体缠绕在溪边的小乔木上，姿态优美，仿佛是在跳舞。竹叶青蛇的食量很大，各种蛙、蝌蚪、蜥蜴、鸟和小型哺乳动物都会成为它们的盘中餐。长长的管牙标志着它们身带毒液，虽然毒性不大，但也足够用来保护自己。

福建竹叶青蛇

体长：约 75 厘米	分类：有鳞目蝰科
食性：肉食性	特征：全身翠绿，尾巴为红色

强大的消化系统

竹叶青蛇常常在不平整的地面爬行，它们是靠肚皮和地面的摩擦来消化食物。它们的消化系统非常强大，从吞咽食物的时候就开始消化，有时还会将骨头吐出来。竹叶青蛇的毒液也是它们的消化液，在吞咽的过程中喷射的毒液会慢慢将动物的身体溶解。食物在胃中停留 22～50 小时的时候是消化的高峰期。消化的速度也和外界的温度有关，当温度达到 25℃时，消化的速度会明显加快。

翠青蛇和竹叶青蛇的区别

竹叶青蛇和翠青蛇都是绿色的蛇，它们都在树上栖息，利用绿色的树叶作为自己的保护伞，看起来特别相似，那么我们要如何区分它们呢？翠青蛇体形要比竹叶青蛇体形大；竹叶青蛇有个三角形的大头，头顶有细小的鳞片，翠青蛇头呈椭圆形，头部鳞片要比竹叶青蛇大；竹叶青蛇有两只小小的眼睛，瞳孔呈红色椭圆形，翠青蛇眼睛很大，瞳孔呈黑色；竹叶青蛇的尾部较短，而翠青蛇的尾部细长。只要仔细观察我们就可以发现它们之间细微的差别。

尾部较扁，呈桨状，十分有利于在海洋中生活。

海蛇

毒性最强的蛇

海蛇和陆地上的蛇原本是一家。在很久很久以前，地球上的自然环境发生了变化，形成了大陆和海洋相分离的格局，一部分蛇回到了海洋中生活，成了现在的海蛇。长时间的海洋生活，让海蛇发生了一些变化：海蛇的皮肤较厚而且布满了鲜艳的花纹；海蛇的牙齿要比陆地上的蛇类短小；它们的肺很长，能够储存空气来控制身体的潜浮；最为明显的就是，它们的尾巴不再是细尖的，而是变成了船桨的模样。海蛇的这些变化让它们非常适应海底的生活，它们可以自由地穿梭于海底的珊瑚之间，在傍晚和夜间它们也会到海面上来透透气。不过海蛇到海面上还是有风险的，它们要格外小心在海面猎食的海鸟。

海蛇在水中如何寻找猎物

在陆地上生活的蛇，可以通过不同的感官来感受周围的猎物，通常它们会用舌头感知空气中的分子，会用颊窝感知温度，下颌可以感受到来自地面的震动，但是在海中生活的海蛇要如何寻找猎物呢？在水中，海蛇的舌头依然是灵敏的感受器官，它们也可以通过颊窝和嗅觉来寻找猎物。海蛇的猎物种类繁多，它们会根据自己的体形来选择猎物，脖子细长的海蛇会捕捉洞穴中的鳗鲡，有些海蛇牙齿又细又少，它们通常以鱼卵为食。

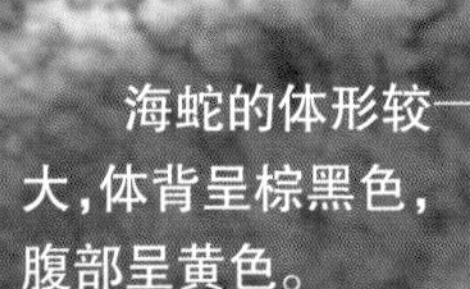
扫一扫

扫一扫画面，小动物就可以出现啦！

海蛇的体形较大，体背呈棕黑色，腹部呈黄色。

长吻海蛇	
体长：70～90 厘米	分类：有鳞目眼镜蛇科
食性：肉食性	特征：背部为黑色，腹部为黄色，尾巴侧扁

 海蛇有天敌吗

虽然海蛇的毒素是动物毒素中最强的，但是并不代表它们在自然界中是最强的动物。尽管有剧毒防御，但海蛇还是会遭到天敌的捕食。比如翱翔在水面上方的各种肉食海鸟，它们一旦发现有海蛇在水面活动，就会俯冲下来将海蛇吃掉，离开了水的海蛇毫无反抗能力。除了天上飞的，还有水里游的庞然大物，例如鲨鱼也是海蛇的天敌，即使在水里海蛇也很难逃脱。

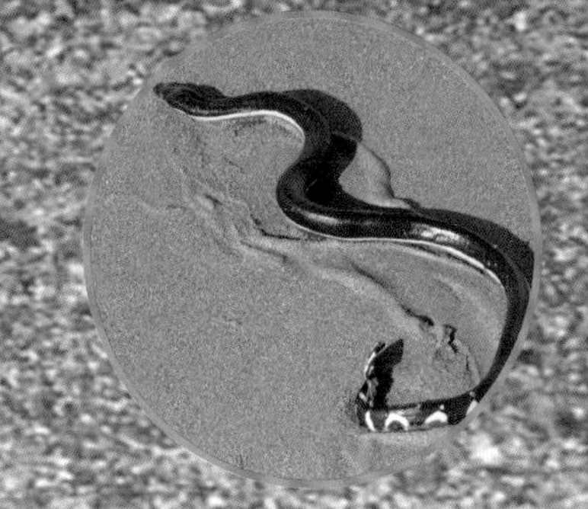

 海蛇如何繁殖

在海蛇的繁殖季节，每年都有一次盛大的聚会。每当这时，就可以见到成千上万的海蛇绵延成几十千米的长蛇阵，规模庞大。海蛇的繁殖方式为卵胎生，每次会产下 3～4 条小海蛇，而海蛇会将卵产到岸上，然后就离开自己的卵，任其自由孵化。

盲蛇

最小的蛇

有一种蛇，它们长得和蚯蚓很像，是世界已知蛇类中最小的蛇——盲蛇。它们身体呈圆筒状，表面光亮有细小鳞片，眼睛退化成了两个小黑点。它们又被称为“蚯蚓蛇”。盲蛇有 150 多种，从前主要分布在非洲和亚洲，不过现在已经遍布世界各地。盲蛇喜欢挖洞，世世代代都生活在地下的洞穴中。它们格外喜欢阴暗潮湿的地方，常常在雨后到地面上来活动，行动迅速。有时盲蛇会占领蚂蚁的巢穴，它们小时候以蚂蚁蛋为食，长大了就以蚂蚁为食。

最小的蛇

盲蛇体长只有十几厘米，是世界已知蛇类中最小的一种。它们的头部和颈部从外观上看没有明显的区分，身体呈亮灰色或紫色。眼睛上盖有一片透明薄膜，显示其双眼已经失去视觉，不过仍有一定的感光能力。它们身体表面很光亮，喜欢在洞穴中栖息，常常被误认为是蚯蚓。

盲蛇和蚯蚓有什么区别

盲蛇善于挖洞，平时都生活在洞穴中，而且它们体形较小，所以常常被误以为是蚯蚓。盲蛇和蚯蚓有着大致相同的生活习性，但是它们又有哪些不同呢？蚯蚓是寡毛纲陆生环节动物，身体前端带有分节环带，而盲蛇是脊椎动物，体表带有鳞片，整体看起来要比蚯蚓长一些。盲蛇主要以白蚁、蚂蚁或无脊椎动物为食，而蚯蚓主要摄取植物的茎叶碎片，有时会把泥土也一同吃掉。

钩盲蛇

体长：6～17 厘米	分类：蛇目盲蛇科
食性：肉食性	特征：头部和尾部不明显，眼睛退化，是最小的蛇之一

通体覆盖规则的圆鳞，背部和腹部鳞片分化不明显。

背部呈棕色、深褐色，腹部、嘴部和尾部颜色较浅。

盲蛇的头部、颈部没有明显的区分，尾部很短。

金环蛇	
体长：0.9～1.5 米	分类：有鳞目眼镜蛇科
食性：肉食性	特征：身体截面呈三角形，身上有金黄色和黑色相间的环纹

 金环蛇有着怎样的性情

在动物界中，蛇类是最令人毛骨悚然的动物，它们冷血、残忍，让你永远都猜不到它们何时会给你致命一击。虽说蛇类性情不定，但是金环蛇的性情还是有迹可循的。它们通常昼伏夜出，在白天它们性情比较温和，看起来很乖，很少会发脾气，也几乎不会主动咬人，但是到了晚上就会性情大变，会突然袭击人类。如果不小心惊到了正在产卵孵化的金环蛇，它们更是会大发脾气的。

金环蛇背部通体黑色，分布黄色条纹。

在多姿多彩的大自然中，各种生物都穿着各色的衣裳，其中有两种属于近亲的眼镜蛇科的毒蛇衣服最为时尚，它们就是俗称“金甲带”的金环蛇和俗称“银甲带”的银环蛇。金环蛇与银环蛇最明显的区别就是金环蛇的环纹是黑、黄相间，而银环蛇的环纹是黑、白相间。金环蛇和银环蛇都位列我国十大剧毒毒蛇之中，金环蛇相对稀少，银环蛇毒性极强，是我国境内最毒的毒蛇，但是它们性情都很温顺，除非受到人类的攻击，否则一般时候不会主动咬人。金环蛇和银环蛇都是行动迟缓的动物，昼伏夜出，主要以捕食泥鳅、鳝鱼和蛙为主，也吃各种鱼、鼠和蜥蜴，偶尔也吞食其他蛇和蛇蛋。

金环蛇和银环蛇的区别

金环蛇和银环蛇都是长有前沟牙的毒蛇，那么哪种蛇的毒性更强呢？其实银环蛇的毒性比金环蛇的毒性还要强，银环蛇是环蛇属中毒性最强的的毒蛇。被银环蛇咬伤之后，会出现呼吸麻痹、创面坏死、感染、肺炎、败血症等症状，如果不能在半个小时之内打上抗毒血清就会有生命危险。而金环蛇相对来说毒性就没有那么强烈，但它们毕竟都是毒蛇，人们还是要小心谨慎地与它们保持距离。

银环蛇	
体长：0.6～1.2 米	分类：有鳞目眼镜蛇科
食性：肉食性	特征：身体截面呈三角形，身上有白色和黑色相间的环纹

王蛇又被叫作“皇帝蛇”，它们分布于广袤的北美大陆。王蛇的种类有很多，相貌也大不相同，它们通常呈黑色或者黑褐色，身上布满各式各样的条纹，有黄色或者白色环纹、条纹，还有一些白化的品种带有罕见的图案。之所以被称为王蛇，是因为它们本身是无毒蛇，却捕食其他蛇，尤其是毒蛇，而且它们对毒素都是免疫的。加州王蛇是王蛇中最普遍的种类，它们的鳞片表面光滑并带有光泽，还有多变的颜色，非常漂亮，在美国的沙漠、沼泽地、农田、草原随处可见，还被许多人当作宠物饲养，寿命长达 20 年。

加州王蛇

体长：0.6～1.2 米	分类：有鳞目黄颔蛇科
食性：肉食性	特征：身上有白色和黑色相间的环纹，无毒

温柔的王蛇

虽然王蛇的名字听上去地位崇高，但它们并不是凶狠无比的蛇，它们在蛇类中算是很温顺的种类。它们对生活环境的要求比较低，很少主动攻击人类，可以饲养、把玩。但是如果生命受到了威胁，它们也会绝地反击，有时会卷成球体并以排泄物喷向敌人。

牛奶蛇

在众多王蛇中有一种王蛇叫牛奶蛇，它们是一种无毒有益的王蛇，分布范围广。它们被称作牛奶蛇跟它们的颜色无关，而是来源于一个错误的传说。因为牛奶蛇经常出没在农场附近，被人误认为喜欢偷喝牛奶，就被叫成了牛奶蛇，其实它们是在捕捉老鼠和兔子。

食卵蛇如何吃蛋

食卵蛇生活在鸟众多的森林里，鸟蛋就成了它们最容易摄取的食物。由于长期食用鸟蛋，它们练就了高超的吞蛋技能。它们具有独特的带有弹性的咽喉和颈部，这让它们可以轻松吞下比自己头部还要大的蛋。吞蛋时，首先将一整颗蛋从口部塞进去。它们的嘴里没有牙齿，但是食道中有骨质突出物。它们会用喉部肌肉的力量将蛋推进食道，蛋壳会被这些骨质磨碎，然后将有营养的蛋液吞进肚子，把剩余的蛋壳吐出来。

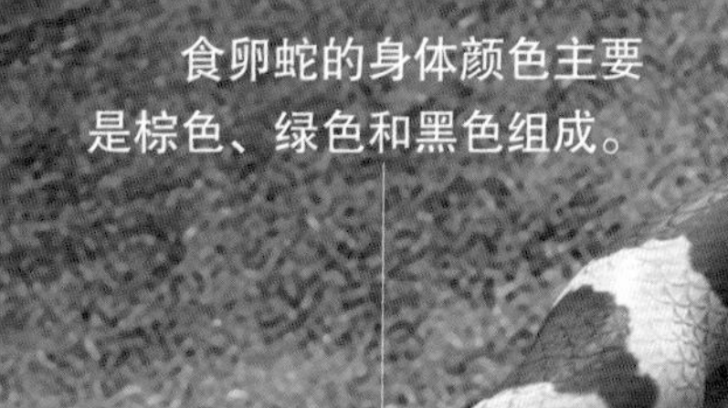

食卵蛇的身体颜色主要是棕色、绿色和黑色组成。

食卵蛇

吃蛋的蛇

人们最害怕蛇口中锋利的带剧毒的牙齿，但是食卵蛇的口中却没有牙齿，所以一点也不用担心被它咬伤。有时，调皮的食卵蛇会模仿其他毒蛇咬人，但可笑的是它们甚至连人的皮肤都咬不破！通常蛇都会埋伏在一处，等着猎物自己送上门来，然后出其不意地将猎物捕获，而食卵蛇则与其他蛇大不相同，它们必须自己主动寻找食物，因为它们的食物是不会移动的蛋。每到鸟类繁殖的季节它们就会变得异常活跃，它们可以通过蛋的温度来辨别是否新鲜，因为有些食卵蛇会因为吃了不新鲜的蛋而丧命。

饲养食卵蛇

虽然食卵蛇可以人工饲养，但是由于它们的主食是蛋类，所以饲养起来还是很有难度的。想要饲养食卵蛇，需要攻克的一个难关就是要保证它们的食物充足。对它们来说，平时最容易获取的鸡蛋是一种体积过大的食物，并不能保证它们每次正常取食，因此需要为它们提供更小型的蛋，比如鹌鹑蛋、鸽子蛋等。

食卵蛇没有牙齿，但在它们的食道里有些骨质的突出物，有利于它们磨碎蛋壳。

食卵蛇

体长：50～80 厘米	分类：有鳞目游蛇科
食性：肉食性	特征：没有牙齿，进食时将鸟蛋整个吞下

蝮蛇

常见的毒蛇

在我国广袤的土地上广泛分布着一种小型毒蛇，它们就是蝮蛇。蝮蛇最普遍的特征就是长着一对钩形的毒牙，那是它们最狠毒的武器。蝮蛇浑身呈灰褐色带有各式花纹，头部呈三角形，吻部前端向上翘起，总向世人展示一副高傲的姿态。它们常常栖息于平原、丘陵地区，或者低矮灌木丛中和水源附近。它们既能生活在水源充足的地带，也能够出现在气候干旱的地区，属于一种水陆两栖的蛇类。蝮蛇常常在黄昏以后出来活动，平时喜欢捕食鼠、蛙、鸟、昆虫等。它们的家大多数建在向阳的坡地，如果温度低于 5℃，它们就会进入冬眠。

常见的毒蛇

蝮蛇在我国分布最为广泛，也是我国数量最多的一种毒蛇。蝮蛇的毒素是中等的，属于一种混合毒素，中毒后会引起组织坏死、剧烈疼痛、呼吸障碍，病情的变化速度快，能够导致多器官功能衰竭甚至死亡。在蝮蛇中有一种铜头蝮蛇的毒性最为独特，它们的毒素中含有一种凝血酶，能够凝固血液。无论被哪种蝮蛇咬伤，在中毒后都需要第一时间注射蝮蛇抗毒血清，并采取相应急救措施，才能确保生命安全。

传说中的野槌蛇

野槌蛇的外形像槌，曾经有很多人见过它们，却从未捕捉到活体，在日本它们就是活在传说中的生物。曾有人出赏金 2 亿日元求购野槌蛇实体，都不曾见到真身。虽然到现在为止并没有证据能够证明野槌蛇是真实存在的，但是人们普遍认为野槌蛇的原型就是我们常见的蝮蛇。

中介蝮

体长：30 ～ 70 厘米	分类：有鳞目蝰科
食性：肉食性	特征：体表颜色与土地非常相似

来自民间的蝮蛇

在中国悠久而漫长的历史中，蝮蛇一直存在，它们在中国各地都有分布，人们给它们起了个很接地气的名字“土球子”。这个称呼可能来源于它们的外表，它们浑身呈浅褐色或者红褐色，遍布着黑色的斑纹，在土地上缩成一团，就像是个小土堆，这种大地的颜色也是它们最好的保护色。“土球子”的称呼也能体现出它们在民间出现的频率之高。

蝰蛇

可怕的毒牙

蝰蛇科是个庞大的家族，约有 200 多种毒蛇，它们的体形与其他科的成员有所不同，身体普遍短粗，尾巴较短，会在后端突然变细，头部呈三角形，其中毒性最强的种类是锯鳞蝰。蝰蛇主要栖息于宽阔的平原、草地或者沙漠中。它们属于夜行性动物，但也常常缠绕在树枝上或卧在洞口处晒太阳。当受到惊吓时，它们会将自己的身体卷成一圈，然后发出呼呼的响声，持续很久。因为它们食量很大，所以它们会频繁进食，经常以鼠、鸟、蜥蜴为食。它们嘴巴不大，却能吃掉比头部大好几倍的猎物。

贪吃蛇

蝰蛇有很强的食欲，它们的食量也很大，是名副其实的贪吃蛇。它们不仅贪吃，还有很强大的消化系统，在进食的过程中猎物就被消化掉了。它们主要用毒牙来猎食，通常先将毒液注射到猎物体内，然后张开大嘴，从猎物的头部开始吞食，凭借下颌骨的左右交替运动将猎物的身体全部吞进肚子里。它们的肌肉系统有很大的张合力，即使体积庞大的猎物也能轻松吞下。

头部有巨大的毒腺，因此较大，呈三角形，头颈部区分很明显。

加蓬咝蝰

体长：120～210 厘米	分类：有鳞目蝰科
食性：肉食性	特征：背部有方形的斑纹，毒牙非常长，身体比较短粗

特殊的爬行方式

蝰蛇的爬行方式是蛇类中比较特殊的，它们分为三种运动方式。第一种叫作蜿蜒运动，这是最普遍的一种爬行方式，通过弯曲的身体和地面的摩擦向前运动，但是这种运动方式在平滑的地面上是行不通的。第二种叫作履带式运动，它们可以通过收缩肌肉控制肋骨的移动，肋骨带动皮肤的鳞片竖起，一点一点前进，就像是坦克那样，可以直线前行。第三种方式叫作伸缩运动，蝰蛇前身找到一处可支持自己的物体后，将后半部分跟着缩向前方，这样交替伸缩不断前行，这种运动方式相对来说是比较迅速的。

第四章 种类繁多的蜥蜴

希拉毒蜥

美国毒蜥

在美国西南部的洞穴深处居住着一种毒蜥蜴，它们就是希拉毒蜥。它们是这个地区唯一一种毒蜥蜴，也是这片土地上可怕的怪兽。希拉毒蜥的体长 60 厘米，体色较暗，它们身上的颜色和可怕的花纹用来警告猎物它们身带剧毒。希拉毒蜥有个大脑袋，体态臃肿，行动迟缓，但在捕捉猎物时却格外灵活。通常它们总是懒洋洋地待在洞穴里，依靠储存在尾巴中的能量度日，但在食物匮乏的时候它们还要到地面上补充体力。温暖的夜晚是它们出洞捕猎的最好时机，它们会捕食各种小型哺乳动物、鸟或者各种动物的卵。因为希拉毒蜥的视力较差，所以它们只好像蛇那样用分叉的舌头来探测周围的气味。

如何繁殖

希拉毒蜥想要顺利进入繁殖状态可急不得，它们需要准备一整个冬天。它们要经历漫长的冬眠期，如果不经历低温的洗礼它们多半无法正常繁殖。它们从冬眠中苏醒以后，就会马上交配，交配之后雌性毒蜥会将卵产在一个比较安全的洞穴中，每次可产下 3～12 枚卵。然后经过 10 个月漫长的孵化期它们才能成为幼蜥，成为幼蜥以后它们就要独立生存。希拉毒蜥是很长寿的，一般情况下可以活到 30 岁以上。

攀爬能手

希拉毒蜥常年生存在地下的洞穴中，只有觅食的时候才会到陆地上来。你一定想不到它还是个攀爬小能手吧，它们深藏不露，攀爬的功夫可是一流的。在野外它们不仅会下地打洞，还会爬到树上去捕食幼鸟或者鸟蛋。

希拉毒蜥	
体长：约 60 厘米	分类：有鳞目毒蜥科
食性：肉食性	特征：身体上有黑白相间的花纹，具有毒性

强有力的下颚

毒素是希拉毒蜥第一大武器，除了毒素外，它们还有着强有力的下颚。它们的下颚不仅布满了毒牙和毒腺，还具有强大的咬合力。被毒蜥咬住以后，它们不但不会轻易松口，还会更加猛烈地啃咬，从而造成很严重的第二次创伤。

尾巴很短，可用尾巴存储脂肪。

体表覆盖着细小的不重叠的鳞片。

体色较鲜艳，背部底色分布着黄色、粉红色、浅红色的斑纹。

巨蜥

最大的蜥蜴

巨蜥是现存蜥蜴中最大的种类，它们最大的体长可达3米。它们头部窄长，鼻孔靠近吻端，瞳孔呈圆形，长长的舌头尖端分叉，可以像蛇的舌头那样来回伸缩。巨蜥的皮肤粗糙，浑身布满了突起的圆形颗粒，身体背面呈黑色，有部分呈黄色，并且带有黑色斑点，样子很是可怕。它们主要生活在陆地上，常常在水源附近栖息。它们随时行动，不分昼夜，但是在清晨和傍晚活动较为频繁。别看它们身体庞大，行动却很灵活，攀爬和游泳全都不在话下。因此它们的食物也有很多种，比如水中的鱼，树上的鸟和鸟类的卵，还有地上爬的蛇、蛙、鼠等，偶尔也会捡食动物的尸体。

科莫多岛

科莫多岛与世隔绝，是一个古老而又神秘的岛屿。这里是巨蜥的天堂，体形最大的蜥蜴科莫多龙也生活在这里。这片岛屿的环境封闭，亿万年来它们都过着同样的生活，因此它们保留了最原始的相貌。岛上的生物种类很丰富，因此人类并没有列入巨蜥的食谱中，它们通常是不会主动攻击人类的。

巨蜥之毒

大多数的蜥蜴并没有什么危险性，它们宁愿避开人类自己躲起来。但是如果不幸遇到了巨蜥，那就真的要小心了，被巨蜥咬伤不仅会失血过多还会中毒。巨蜥的口腔中有很多毒素，科学家曾在科莫多巨蜥的唾液中发现 57 种细菌。在被巨蜥咬伤时，它们口腔中的毒素会释放出来，被咬伤者会感染致命的细菌。

舌头细长，舌尖分叉。

通体呈褐色，尾部分布黑黄相间的环纹。

四肢粗壮，趾上有锋利的爪。

尼罗巨蜥

体长：1.2～3 米	分类：蜥蜴目巨蜥科
食性：肉食性	特征：身上有黄色的纹路，性情凶猛

科莫多巨蜥

肉食巨兽

科莫多巨蜥又叫科莫多龙，是世界上现存的蜥蜴中体形最大的，它们之中最长的体长可达 4 米。科莫多巨蜥的四肢粗壮有力，宛如人类的大腿。它们皮肤粗糙，并且长满了凸起的疙瘩，厚重粗糙的皮肤让它们免于蛇类的攻击。它们主要生存在热带草原和森林，也喜欢开阔的野草和灌木低洼地区。科莫多巨蜥性情凶猛，是个可怕的肉食蜥蜴，它们的胃就像一个大皮囊。它们在用餐前后体重相差很大，曾有一只体重 50 千克的巨蜥在 17 分钟之内将一头 31 千克的野猪吃掉，场面非常壮观。

独特的繁殖方式

每年的 7 月是科莫多巨蜥的发情期，雄性巨蜥会通过打斗来争夺配偶，胜利者会用下巴摩擦雌性的头，如果雌性巨蜥接受就会用相同方式摩擦雄性巨蜥的头。交配以后，雌性巨蜥大约会在 9 月份产卵，刚刚成熟的雌蜥蜴产卵的数量较少。它们将卵埋在沙窝里，靠太阳的温度孵化，孵卵期会一直持续八个月的时间，刚刚孵化出来的小蜥蜴就像家鹅大小，它们的寿命可达 50 年。科莫多巨蜥有时候是可以孤雌繁殖的，在英国动物园中就发生了这样奇特的现象，它们不需要雄性也可以繁殖后代。

科莫多巨蜥

体长：3～4 米	分类：蜥蜴目巨蜥科
食性：肉食性	特征：非常强壮，有锋利的牙齿，是最大的蜥蜴

皮肤粗糙，身体布满凸起的疙瘩，没有鳞片。

敏捷的猎食者

凶猛的科莫多巨蜥是丛林中身手敏捷的猎食者。别看它们样子懒洋洋的，其实它们的奔跑速度极快，能够瞬间加速到 25 千米 / 时。但是聪明的科莫多巨蜥很少亲自追捕猎物，它们都是等着猎物自己送上门。它们会利用自己灵敏的嗅觉找到猎物常常经过的路，然后在路上埋伏，等到时机成熟，它们就会扑上去，用强有力的爪子将猎物撕成碎块，将肉大块大块地吞进肚子里。

壁虎

飞檐走壁

壁虎为了逃生会挣断自己的尾巴。那并不是在自寻死路，而是在保护自己。壁虎是蜥蜴目中的一种，它们又被称作守宫、檐蛇、蝎虎、四脚蛇等。它们的皮肤上排列着粒鳞，脚趾下方的皮肤带有黏性，可以贴在墙壁或者天花板上迅速爬行。它们喜欢生活在温暖的地区，广泛分布于热带和亚热带国家和地区，在人们居住的地方总能见到它们的踪影。壁虎属于变温动物，到了冬季它们就要躲起来冬眠，不然就会死去。壁虎经常昼伏夜出，白天会在墙壁的缝隙中躲起来，到了晚上才出来活动，主要捕食蚊、蝇、飞蛾和蜘蛛等，绝对是有益无害的小动物。

小小的“肉垫”

壁虎有五个脚趾，每个脚趾下面都有一个“肉垫”，“肉垫”由成千上万根刚毛组成，刚毛的顶端带有上百个毛茸茸的“小刷子”，有强大的吸附力。壁虎在墙壁上的每一步都是靠着脚下的“肉垫”行走，据说壁虎脚上的吸附力能够抓起 133 千克的重物。

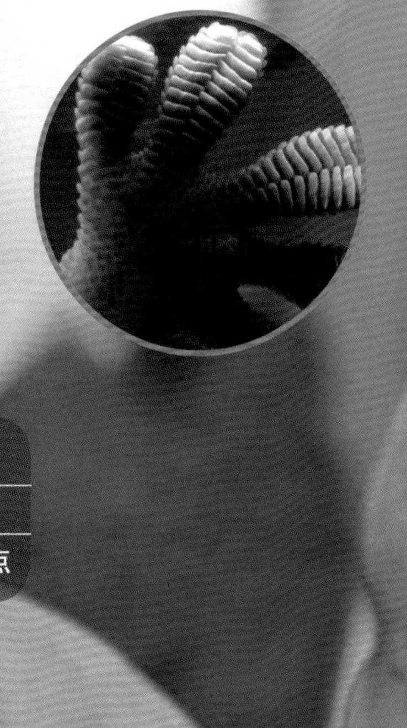

大壁虎	
体长：约 35 厘米	分类：蜥蜴目壁虎科
食性：肉食性	特征：足部有类似吸盘的结构，身上有红色和浅蓝色的斑点

身体比较扁平，
分布着颗粒状鳞片。
足部长有特殊结
构，有黏着力，可在
墙壁或光滑的平面上
爬行。

变色龙

色彩伪装

大自然的奇妙让我们不止一次地发出感叹。在撒哈拉以南的非洲和马达加斯加岛上生活着变色龙这种神奇的生物。它们可以通过调节皮肤表面的纳米晶体，来改变光的折射从而改变身体表面的颜色，变色的技能可以让它们在不同环境下伪装自己。变色龙的身体呈长筒状，有个三角形的头，长长的尾巴在身体后方卷曲着。它们是树栖动物，卷曲的尾巴可以缠绕在树枝上。变色龙主要捕食各种昆虫，长长的带有黏液的舌头是它们捕食的利器，舌尖上产生的强大吸力几乎没有一种昆虫能够成功逃脱。它们的性格孤僻，除了繁殖期以外都是单独生活。

特殊的技能

变色龙除了大家熟知的变色技能，还有动眼神功和吐舌绝活。变色龙的两只眼睛分布在头部两侧，眼睑发达，眼球能够分别转动 360° ，当它们左眼固定在一个方向时，右眼却可以环顾四面八方。它们的舌头很长，以至于舌头不能在嘴里伸展，只能盘卷在嘴里。卷曲的舌头也是它们捕猎的法宝，当猎物出现时，它们能够第一时间弹出自己的舌头，迅速将猎物卷进嘴里。

高冠变色龙	
体长：最长可达 60 厘米	分类：蜥蜴目避役科
食性：肉食性	特征：头部有一个比较高的骨冠

会变色的伪装高手

变色龙可以随心所欲地变色，这是让它们最为骄傲的一项绝活。它们皮肤最初的颜色是绿色的，但它们可以将体色变成紫色、蓝色、褐色等，甚至多种颜色同时出现。它们的颜色可以随着环境、温度、心情的变化而变化，它们的这项伪装技能与其他动物的保护色一样，都是为了保护自己免遭袭击，能够在危险时刻安全地生存下来。

绿鬣蜥

身背“梳子”

绿鬣蜥一副高傲的样子，看起来并不温和，它们那竖起的背刺，碧绿的身体，无一不显示着它们的凶悍。但其实它们并没有人们想象的那样可怕，在美国它们还是比较受欢迎的爬行宠物之一。它们是个不折不扣的素食主义者，在它们的菜单中只包含植物类食物。虽然它们只吃素，却并不单调，在植物生长茂盛的地区，它们可以吃到超过 100 种植物的花、叶、果实，生活在巴拿马的绿鬣蜥一生独爱野生梅花。它们最喜欢的事就是懒洋洋地趴在树上晒太阳，就像是森林中的守望者。

绿鬣蜥的雄雌

蜥蜴看起来都是一个样子，许多人都想知道绿鬣蜥是雄还是雌，那么，绿鬣蜥的雄雌到底要如何分辨呢？在绿鬣蜥小的时候是很难从外表上分辨出它们的雄雌的，等到它们长大才能从外貌特征来分辨雄雌。我们可以从它们大腿上的股孔来区分，一般雄性的股孔要比雌性的大，而且雄性的股孔会分泌出较多的蜡状物。通常雄性会比雌性的面颊更宽阔，背部突起更加明显。

生活习性

绿鬣蜥属于树栖动物，它们一生中的大部分时间都是在树上度过的。它们喜欢潮湿高温地带，每天太阳升起后，它们就开始爬上高处寻找最佳的暴晒位置。它们觉得最舒适的温度是 32～35℃，不能低于 32℃，过低的温度会给它们带来危险。

绿鬣蜥
体长：可长达 2 米
分类：蜥蜴目鬣蜥科
食性：植食性
特征：背部有一排脊刺，尾部有环状花纹
背部纵向长有一排梳子状的脊刺。
通体呈绿色，分布着黑色斑纹。
尾部细长，有环状花纹。

海鬣蜥

大海里的蜥蜴

说到蜥蜴，你可能最先想到它们热带雨林或者沙漠里面的亲戚。不过你知道吗，在大海里，也有一种蜥蜴生活着，这就是海鬣蜥。海鬣蜥生活在加拉帕戈斯群岛的岩石海边，偶尔也能在沼泽和红树林一带见到它们。它们是世界上唯一一种能适应海洋生活的鬣蜥。海鬣蜥的移动速度是由它所处的环境决定的。在陆地上，海鬣蜥的动作非常缓慢，只能慢慢爬行，看上去显得很笨重，但是一进入到海洋里面，它们的表现跟陆地上真的是不可同日而语，有粗壮的尾巴为它们提供动力，它们能够在海洋中灵活地游动，自由地在海中生活和觅食。海鬣蜥每次下水都要在水中逗留一个半小时之久，然后才会爬到岸上享受阳光。

头上有一顶“小帽子”

礁石上附着的海藻是海鬣蜥的美味，每天享受到这些美味的海鬣蜥会感到非常满足。但是海鬣蜥也有一个小麻烦，就是在它们食用海藻的时候会把一些海水也吃下去，造成它们体内的盐分超标。不过不用担心，海鬣蜥的鼻子和眼睛之间有盐腺，它们会把体内多余的盐分储存起来并且排出体外。有时候我们会看到海鬣蜥在打喷嚏，实际上它们是在排出盐分，而这些排出来的盐分会直接喷到它们的头顶上，凝结成一层白色的晶体，所以看起来像是戴着一顶白色的帽子一样。

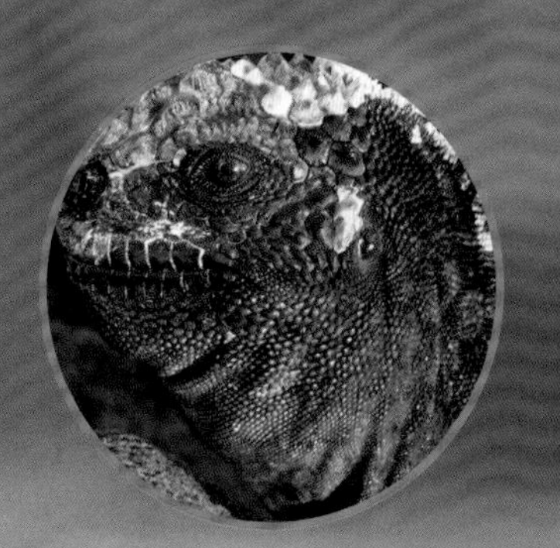

海鬣蜥	
体长：约 1.5 米	分类：蜥蜴目美洲鬣蜥科
食性：植食性	特征：身体呈黑褐色，头顶有盐的结晶

吃一堑长一智

与其他动物一样，海鬣蜥也很有自我防范意识。但是这种意识的强烈与否取决它们本身是否经历过一些危险事件。没有经历过危险事件的海鬣蜥对人类或者其他的敌人的警戒程度较低，对危险信号的防范程度不高。但是经历过危险的海鬣蜥有着很高的警惕性，与入侵者的安全距离也会加长。值得一提的是，海鬣蜥还会对其他动物发出的警报做出相应的反应，这也是科学家们第一次发现这种现象。

双冠蜥

行走在水上的蜥蜴

双冠蜥因为它头上高高竖起的两个“冠子”而得名。双冠蜥身体颜色呈鲜艳的绿色，在皮肤上分布有浅蓝色或者黄色花斑，在所有背鳍蜥属中只有双冠蜥的体色是鲜绿色。它们的眼睛内有亮橙色的虹膜，远远看去就像是点缀在绿色翡翠上的宝石。它们的尾巴很长，长长的尾巴能够让它们在爬树和奔跑时保持平衡。双冠蜥拥有粗壮发达的后肢，它们通常用后肢在陆地上奔跑。双冠蜥是标准的热带雨林动物，因此它们喜欢高温潮湿的环境，通常栖息在河流附近的树木上，在尼加拉瓜、哥斯达黎加和巴拿马等地均有分布。

为什么叫双冠蜥

它们之所以叫双冠蜥是因为在它们的头上有冠状的骨质凸起，就像长了两只角。还有在雄性的双冠蜥背部中线处高高挺立着一排背鳍，就像扬起的风帆，向人们展示着雄风。

双冠蜥

体长：约 90 厘米	分类：蜥蜴目冠蜥科
食性：肉食性	特征：头部有两个冠，背部有帆状结构

“水上漂”绝技

小小的双冠蜥有项独门绝技，那就是“水上漂”。它们是如何练就这项“神功”的呢？这都得益于双冠蜥独特的脚趾。双冠蜥的后腿上长着长长的脚趾，脚趾上的皮可以在水中展开，增加了脚趾与水面接触的表面积，然后以一定的速度摆腿，用力蹬水，在这过程中保持速度不变，那么水面就会产生小气涡，让它们不会沉入水中，能够在水面行走 4 米甚至更长的距离。

巴西利斯克

双冠蜥属的拉丁语学名是 Basiliscus，音译成中文是“巴西利斯克”。巴西利斯克在希腊神话中是一个长着鸡头、鸡身、蛇尾巴的怪物，它经过的土地上会留下有毒的黏液，其他生物触碰到这种有毒的黏液就会当场毙命。

头部双眼后方长有两个冠状突起。

通体鲜绿色的皮肤上分布有浅蓝色或黄色斑点。

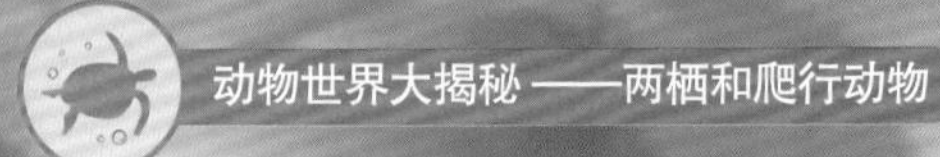

石龙子

“画蛇添足”

在热带地区，尤其是东南亚及其附属岛屿生活着大量的石龙子。石龙子的种类繁多，它们大多体呈圆柱形，头部略尖，身后长着一条细长的尾巴。它们长有分叉的舌头，四肢发达，长有五趾，通常栖息于山野草丛中，爬行速度极快。它们喜欢隐蔽在地下的洞穴中，在它的下眼睑上长有透明鳞片，非常适合地下挖洞。在挖洞和钻洞时，透明的鳞片就像是个防护镜，既能看清前面的物体又能防止沙子进到眼睛里。石龙子不喜欢出现在有人类居住的地方，因此很少有人能够发现它们。它们通常以鸟和昆虫为食。

蓝尾石龙子

在石龙子中有一种类叫作蓝尾石龙子，在中国的南方地区比较常见。它们最大的特点就是尾巴部分是亮丽的蓝色。不过它们的尾巴可不是用来欣赏的，尾巴的长度通常是身体的 1.5 倍，在重要的时刻是可以用来保命的。由于亮丽的蓝色更能吸引猎食者的注意，因此当猎食者咬住它们的尾巴的时候，它们就会像壁虎一样自断尾巴保住头和身体逃生。在猎食者还没有觉察的时候，逃之夭夭。

中国石龙子

中国石龙子在我国分布很广泛，它们主要以各种昆虫为主食。中国石龙子个性胆小温和，对环境的适应能力很强。它们身体修长，外观看上去很像蛇，但是它们有可以爬行的四肢。在遇到危险的时候，也会像壁虎一样，断尾逃生。

蓝尾石龙子

体长：约 20 厘米	分类：有鳞目石龙子科
食性：肉食性	特征：身上有 5 条纵纹，尾巴呈蓝色。不过这两个特征在成年后会消失

尾巴很长，像蛇尾一样，越往末端越逐渐尖细。

身体细长，呈圆柱形。

可以活动的眼睑上长着透明的鳞片。

飞蜥体形较小，体侧长着半透明的翼膜，看上去就像是翅膀，在行动时能帮助它们滑行。

飞蜥口中长有细小的牙齿，有利于它们切割猎物。

尾巴较长，行动时体态轻盈。

飞蜥

长“翅膀”的蜥蜴

飞蜥是蜥蜴中比较奇特的品种，它们分布于南亚和东南亚，其中菲律宾、马来西亚和印度尼西亚的品种最多。它们的头部具有发达的喉囊和三角形颈侧囊，体色多为灰色，常常生活在树上，以各种昆虫为食。飞蜥真的会飞吗？不，它们只会滑翔。飞蜥是蜥蜴界技艺高超的滑翔师，它们可以仅仅在下降 2 米的同时向前滑翔 60 米的距离。在“飞行”过程中尾巴起了重要的作用，它们会在空中利用尾巴保持平衡和变换姿势，甚至可以在空中实现大翻转。飞蜥对环境的适应能力强，繁殖率高，属于低危物种。

会滑翔的蜥蜴

想要飞行就一定要有翅膀，没有翅膀的蜥蜴到底是如何飞起来的呢？原来飞蜥的身体构造较为奇特，在它们的身体两侧有 5～7 对延长的肋骨支持的翼膜，在林间滑翔时，翼膜向外展开就像翅膀一样，但是它们只能从高处滑翔到低处，不能由低处飞翔到高处，当它们爬行时不需要翼膜，翼膜就会像折叠扇一样折叠起来。

飞蜥	
体长：约 20 厘米	分类：有鳞目鬣蜥科
食性：肉食性	特征：身体两侧具有能展开的“翅膀”

彩虹飞蜥

有一种飞蜥名叫彩虹飞蜥，它们分布于非洲中部及西部，生活在干燥的环境中，常常出现在人们居住的地方。彩虹飞蜥在夜晚皮肤的颜色是灰色的，但是每当太阳一升起，它们就会变成彩虹般的混合体色，而且雄性的颜色更加明显。橙红色的头部，蓝紫色的四肢，看起来很像电影里的蜘蛛侠的配色，它们不仅配色很像蜘蛛侠，也有着像蜘蛛侠一样敏捷的身手。它们虽然叫飞蜥，但是却没有其他飞蜥的结构，因此不会飞行也不会滑翔。

豹纹守宫

身披“豹纹”

豹纹守宫是一种小型的爬行动物，全身加上尾巴的长度只有 15～30 厘米。因为它们身上的花纹和斑点与豹子身上的花纹和斑点十分相似，所以被叫作豹纹守宫。它们是肉食性动物，在野生环境下，只要是能吃得下的虫子，它们都会毫不客气地吃掉。即使是饲养的豹纹守宫，一般也只吃活的虫子。因为豹纹守宫花纹漂亮，体形小巧，没有攻击性，很容易饲养，所以现在越来越多的人选择豹纹守宫当宠物。它们行动缓慢，能适应人类的家庭生活环境。豹纹守宫个头虽然小，但是寿命较长，一般可以超过 20 年。面对危险的时候，它们会断掉自己的尾巴进行自救。

尾巴的作用

豹纹守宫的尾巴不仅漂亮，还有很大的作用呢！当它们面对天敌的时候，会断掉自己的尾巴来逃生。它们依靠脱落的尾巴吸引敌人的注意力，当敌人被迷惑时，它们就会借机逃走。断掉了尾巴不会让豹纹守宫丧命，过一段时间它们会长出来一条新的尾巴来，只不过新长出来的尾巴会比以前的尾巴小一些。豹纹守宫还会用尾巴储存脂肪，当食物缺乏的时候，它们依靠尾巴给自己提供能量，渡过难关。

豹纹守宫

豹纹守宫	
体长：15～30 厘米	分类：蜥蜴目壁虎科
食性：肉食性	特征：有豹纹一样的花纹和斑点

性格温和的宠物

豹纹守宫是夜行性动物，晚上的时候特别活跃。它们会很温和地和人们互动，几乎不会主动攻击人们，也不会破坏周围的东西，作为宠物来说，它们绝对是人们的好朋友。豹纹守宫体形小巧，当作宠物来饲养只需要一个小小的空间就足够了。不过，适合它们生存的温度是 25℃～30℃，所以如果想要饲养豹纹守宫，一定要注意它们的生存温度。

为什么叫豹纹守宫

守宫的种类有很多，一般都是由它们外观的不同来命名的。豹纹守宫小的时候体色是白底黑棕色环状花纹，随着成长色环逐渐变成点状，到成年时全身都转变得像花豹身上的花纹一样，这也就是豹纹守宫名字的由来。除了豹纹守宫，还有猫守宫、间纹守宫，蜘蛛守宫等，但是最受人们欢迎的还是豹纹守宫，现在越来越多的人把它当作宠物来饲养。

蛇蜥

似蛇非蛇

蛇蜥有外耳孔，眼睑可以活动。

有一种蜥蜴长得和蛇很像，第一眼见到时很容易误认为是蛇，因此有了“蛇蜥”这个名字。蛇蜥是一种很原始的蜥蜴，它们又被称为“脆蛇蜥”“土龙”“金蛇”“碎蛇”，它们没有四肢，体色以褐色为主，无毒，而且会以自断尾巴的方式自保。它们主要分布于南美洲的热带雨林地区，靠捕食蚯蚓、蛞蝓或甲虫的幼虫生存。它们平时喜欢躲藏在潮湿的叶子中，加上本来数量就稀少，所以很少有人能够见到它们。蛇蜥这个物种已经被《中国濒危动物红皮书》列为濒危保护等级。

可以自断尾巴

蛇蜥的尾巴具有再生的能力。当它们遇到危险或者尾巴受到牵引的时候，肌肉会剧烈收缩，将尾巴断开，而且断开以后脱离身体的尾巴还可以继续跳动，它们会用这种方式吸引猎物的注意力，然后趁机逃生。而蛇蜥新的尾巴可以从原来的地方再次长出来，但是颜色、形状和长短与原来的尾巴不同。

外形像蛇

蛇蜥，听它们的名字就知道它们和蛇脱不了关系。蛇蜥是一种没有四肢的蜥蜴，从外表看上去跟蛇一样，但它们并不是蛇，它们和蛇有很大的区别。它们不像蛇那样有明显的脖子，它们有可以闭合的眼睑而蛇没有。蛇蜥和蛇最大的区别就是蛇蜥的尾巴很长而且可以随着身体的生长而变得更长，蛇的尾巴长成以后就不会再增长，并且蛇蜥的尾巴可以自断而蛇不会。

蛇蜥	
体长：190～380 厘米	分类：有鳞目蛇蜥科
食性：肉食性	特征：没有腿，尾部可以自断用以迷惑敌人

安乐蜥

假"变色龙"

安乐蜥的身体颜色可以变化，可以由深变浅，也可以由浅变深。

被称为"假变色龙"

安乐蜥和变色龙一样，也身怀变色绝技。或许它们的祖先不同门，所以它们的本领也有所不同，安乐蜥的变色绝技稍逊一筹，它的变色技能没有变色龙那么棒，所以常常被人们称为"假变色龙"。安乐蜥的体色为棕色或者黄色，在需要变色时，它们能够将身体变成颜色深浅不同的绿色，能起到不错的隐蔽效果。

安乐蜥属于大型的树栖性蜥蜴，它们生活在美洲温暖的地带，其中在加勒比海地区的数量最多。安乐蜥的爪子像壁虎的爪子一样，布满了细小的钩子，可以在光滑的表面爬行。它们又像变色龙一样可以变换颜色，还被称为美洲的变色龙。它们的特别之处就是，在雄性安乐蜥的喉部拥有一块红色或者黄色的可以膨胀的大垂肉，这膨大的大垂肉也许就是它们用来引诱雌性的吧。安乐蜥属是个庞大的家族，全世界大概有 250 种，其中最大的成体能够长到 45 厘米长。

安乐蜥	
体长：12～45 厘米	分类：蜥蜴目鬣蜥科
食性：杂食性	特征：身体颜色可以改变，雄性喉部下方有一个用来展示的皮膜

雄性安乐蜥颈部下方长有较大的褶皱。

安乐蜥的爪尖锐锋利，趾垫上长有小钩，有利于在光滑的平面爬行。

灵活的爪子

安乐蜥是个行动敏捷的小家伙，它们的四肢非常灵活。就像壁虎一样拥有宽大的趾，而且安乐蜥的爪子尖锐，并且趾上的垫带有许多小钩，非常适合攀爬，即使攀爬物的表面非常光滑，它也可以在上面快速爬行。

安乐蜥的食物

安乐蜥属于杂食性动物，更偏向于肉食性。除了植物它们更加喜欢吃一些昆虫。在饲养它们的时候主要投喂面包虫。一天到两天可以喂食一次，每次能吃掉六条之多。蟋蟀、青蛙对于它们来说也是很好的食物，不过偶尔也要吃点素食来补充维生素，比如青菜、莴笋叶或者苹果。

伞蜥

长着“雨伞”的蜥蜴

伞蜥因颈部带有一圈很像雨伞的特殊构造而得名，它们体长60～100厘米，属于中大型蜥蜴。它们身后拖着长长的尾巴，体色分为棕色、灰色和黑色，成年雄蜥的体形通常比雌蜥大得多。伞蜥主要分布在澳大利亚北部，新几内亚南部的干燥草原和树林地带。它们喜欢在树上栖息，只有在捕捉猎物的时候才会从树上爬下来。伞蜥的食性非常广泛，而且食量巨大，主要以昆虫和其他小型蜥蜴为食。它们喜欢潮湿的环境，每当旱季来临，它们会躲在高高的树洞里蜷起身子夏眠，直到天气变得湿润才会再次出来活动。

伞蜥的繁殖

伞蜥属于卵生动物，常常在春末夏初，天气转暖的时候开始交配繁殖。每到繁殖的时候，它们就会寻找一处隐蔽的地方，而且是温暖潮湿的地下巢穴来产卵。雌蜥每次会产卵十多枚，它们的卵壳含有丰富的钙质，因此很坚硬，每枚卵都呈长椭圆形。最为奇特的地方在于，雄蜥的精子可以在雌蜥体内存活数年之久，只要交配一次就可以连续产卵数年。

伞蜥	
体长：60～100厘米	分类：有鳞目飞蜥科
食性：肉食性	特征：头部有像雨伞形状的皮膜

伞蜥可以用后肢站立，遇到危险时能站直身体，用后肢快跑逃走。

胆小的伞蜥

伞蜥活泼好动，身材健硕，但却是个胆小鬼。它们一遇到袭击者就会用后肢站立，同时张大嘴巴发出嘶嘶声，并且展开它颈部的巨大褶皱，这一系列动作都是用来吓唬对方的，但是如果恐吓失败它们就会马上逃跑，会狂奔到树上，因为它们认为那是最安全的地方，然后用挑衅的眼光看着对方，直到袭击者自行离去。

楔齿蜥

头顶“三只眼”

楔齿蜥也叫“喙头蜥”，是出现在三叠纪初期的喙头类动物残存的代表，也是唯一现存的喙头目爬虫类动物，可以算是“活化石”了。楔齿蜥非常稀有，目前也只有在新西兰的某些小岛上可以见到它了。它们体长可达 80 厘米，雄性要比雌性大，身体呈橄榄棕色，皮肤上分布着颗粒状鳞片，鳞片上带有黄色斑点，在头骨的前端形成一种悬垂的带齿的“喙”，那是它们最有力的武器。楔齿蜥属于夜行性动物，居住在洞穴中，通常到了晚上才会出洞觅食，经常吃一些昆虫、鸟蛋和小型动物。它们能够抵抗比较寒冷的气候，在低温的环境下依然很活跃，它们的寿命也相当的长。

头骨前端长着垂坠带齿的喙。

奇特的蛋

繁殖期过后，楔齿蜥会在窝中产下 8～13 枚蛋。楔齿蜥刚刚生下来的蛋是白色的，但是过不了多久它们就会被染成土黄色。当这些蛋快孵出来的时候，会吸收泥土里的水分，水分会使蛋的表面变得浮肿，蜥蜴在破壳时会用喙齿顶破蛋壳，蛋囊会贴在雏蜥身上，几天后便会变干脱落。

楔齿蜥	
体长：最长约 80 厘米	分类：喙头蜥目楔齿蜥科
食性：肉食性	特征：体表类似鳄鱼，头顶有“第三只眼睛”

拥有三只眼睛

楔齿蜥很特别，因为它们像二郎神一样拥有“天眼”。这第三只眼被称为“松果体”，它位于两个正常的眼睛中间，隐藏在皮肤下面，作用不详，科学家们认为这只奇怪的眼与感光作用有关。

楔齿蜥的巢

在交配之后，它们就要开始建造自己的爱巢了。它们会选择一个被海鸟废弃的窝，然后用自己的前肢进行挖掘，将海鸟窝改造成一个地下洞穴，那将是雄性楔齿蜥为“爱妻”建造的“产房”。“产房”直径 20 厘米，深 150 厘米，雌性喙头蜥会在这里度过漫长的产蛋和孵蛋的时间。

皮肤上覆盖着颗粒状的鳞片，体表与鳄鱼相似。

第五章
盔甲护身的龟

绿色脂肪的“素食者”

绿蠵龟是海龟中体形较大的一种，它们分布广泛，主要集中于热带及亚热带海域。绿蠵龟有锯齿形的牙齿，是地地道道的“素食者”，以海草和海藻为主要食物，偶尔也会吃一些水母、节肢动物或鱼。由于以海草和海藻为主要食物，所以它们的脂肪因为植物绿色色素的沉淀而变成淡绿色，这也是它们被叫作绿蠵龟的原因。绿蠵龟终生栖息在海里，只有产卵的时候会到沙滩上，把卵埋在沙子里。在沙子中孵化的小绿蠵龟挣扎着离开蛋壳以后，还要把身上厚厚的沙子都拨开才能爬向海洋。

它们的天敌是谁

人们对龟的印象总是行动缓慢的，但其实它们并不像人们想象中的那样行动迟缓，相反，它们的游泳速度是很快的。幼小的绿蠵龟天敌非常多，在陆地上有鸟、蛇、沙蟹等，在海里有各种肉食性鱼类，如鲨鱼、旗鱼等。

爆炸式呼吸

绿蠵龟是用肺部来进行呼吸的，每隔一段时间就要把头伸出海面来呼吸。但是味美的海草和海藻都在水底，为了能顺利地吃到美食，它们便会开始“爆炸式”的呼吸。这种呼吸方式声音特别大，能帮助它们在非常短的时间内把肺部的空气排出去，吸入新的空气。像这种为了吃草或者躲避被猎食的潜水时间一般都比较短，也就几分钟。但是当绿蠵龟要安安心心地睡觉时，它们吸一口气足足能在海底睡一晚。

绿蠵龟	
体长：80 ～ 150 厘米	分类：龟鳖目海龟科
食性：植食性	特征：绿色脂肪，体形较大

雄性绿　龟的尾巴比雌性绿　龟的尾巴长很多。

全身呈淡绿色。

扫一扫画面，小动物就可以出现啦！

陆龟	
体长：十几厘米到一米以上不等	分类：龟鳖目陆龟科
食性：植食性	特征：四肢粗壮，背壳高凸

陆龟

不会游泳的乌龟

人们通常认为乌龟是既能在海里游又能在陆上走的动物，大多数的乌龟是这样的。但也有一个特殊的群体，它们是不会游泳只生活在陆地上的乌龟——陆龟。大多数陆龟的背甲又高又圆，像一个圆圆的帽子罩在它们身上。它们的腿很粗壮，看上去很有力量，但是，它们的行动却是比较缓慢的。陆龟是完全陆栖性龟类，最大的特点是不会游泳。但是它们也是需要水的，可以在非常浅的水中喝水和洗澡。

不会游泳的乌龟

陆龟和会游泳的水龟的区别非常明显，从外观就可以分辨。会游泳的水龟大多数具扁平的背甲，四肢像鳍一样薄扁或者细长。陆龟的四肢是粗壮的圆柱体，前肢上覆盖着硬硬的鳞片。脚趾很短，并且趾间没有蹼。 这样的身体结构特征决定了陆龟不会游泳，因为它们粗壮的四肢无法在水里自由地滑动，即使在陆地上，也是比较笨重的。但这绝不代表陆龟是不需要水分的，即使它们能忍受长期的干旱，也是因为它们从食物中摄取到了水分。在水的高度不超过它们身体时，陆龟也会在水里洗澡和休息。

冬眠

冬眠是一些动物在冬季因为温度降低而表现出的一种睡眠状态。陆龟属于变温动物，大部分陆龟在冬季的时候是会冬眠的。野生陆龟在准备冬眠时通常会挖一个洞，或者找一个它们认为安全的地方，把自己藏在里面，进行冬眠。家养的陆龟，如果室内温度比较高，可能不会冬眠。陆龟在冬眠时，会呈现出一动不动的状态，也不需要吃东西。这时如果去触摸它们，它们还是会把头缩到壳里面去的。

蛇颈龟

长脖子乌龟

蛇颈龟的脖子比其他乌龟的脖子长，它们总是目光直直地盯着前方，看起来像蛇一样，因此被叫作蛇颈龟。因为脖子长，它们并不能像其他乌龟一样遇到危险就把头缩进壳里，而是把脖子弯向一侧，藏在肩部甲壳的空隙中。蛇颈龟是肉食性动物，常常把蚊子、蚯蚓等无脊椎动物作为自己的食物。它们生活在浅水区，常常把身子藏在水下，只把脖子伸出水面进行捕食和呼吸。

蛇颈龟的长脖子

蛇颈龟以它们的长脖子而出名，当它们伸直脖子，盯着前方看的时候，与蛇准备捕食时的姿态和眼神十分相像。蛇颈龟的脖子十分灵活，在捕食的时候，可随时伸长脖子，扩大捕食的范围，完全不会因为食物离得远而错过美味。但是当天敌发现蛇颈龟并攻击它们的时候，长脖子对它们来说就没什么好处了。它们不会缩头，遇到灵敏的对手，它们会因被袭击头部而导致丧命。但是多数情况下，蛇颈龟还是可以逃脱的。

聪明的蛇颈龟

蛇颈龟的智商非常高，相处一两个月就能认识自己的主人。它们很容易饲养，性格温和没有攻击性，对主人很亲近，有时候会主动和主人互动玩耍。蛇颈龟的长脖子让它们看起来不像其他龟那样可爱，但是它们的聪明温顺是其他龟很少具有的特质，也因为这样，它们成为许多人家中的爱宠。

生活习性

蛇颈龟是水栖性动物，终生都生活在水里。它们在水里活动、捕食，偶尔也会上岸走走，但非常少见。因为蛇颈龟不会缩头，所以人们觉得它们代表着坚韧、顽强，遇到困难不会轻易妥协。

蛇颈龟	
体长：15～25 厘米	分类：龟鳖目蛇颈龟科
食性：肉食性	特征：脖子非常长

最著名的入侵物种

红耳龟，全名巴西红耳龟，也叫“巴西龟”，是一种水栖性龟类。被叫作红耳龟并不是因为它们长着红色的耳朵，而是因为在它们头颈后方有两条对称的红色粗条纹，看上去就像红耳朵一样，这也是红耳龟最明显的特征。红耳龟刚出生时很小。当它们长到一定的体重时，可以根据体重的不同来分辨它们的性别。通常情况下，体重较重的是雌性龟，体重较轻的是雄性龟，雌性龟的体重一般是雄性龟体重的 2 ~ 4 倍。

红耳龟入侵别国

红耳龟在原产地，数量一直很平衡，因为那里有鹭鸶、浣熊等众多天敌的存在。天敌们捕食红耳龟、幼龟以及龟卵，使它们的数量基本保持稳定。但是到了别的国家和地区，在新的环境中，它们充分发挥了超强的繁殖能力和生存能力，加上没有足够的天敌去制约它们，所以它们就成了新环境中的灾难。

对生态的危害

在新的环境中，红耳龟会掠夺其他生物的生存资源，与新环境中的本土龟类争夺食物和栖息场所，排挤和挤压本土龟的生存空间。很多新环境中的本土龟生存能力和繁殖能力比红耳龟差很多，数量会逐渐减少，而红耳龟因为没有天敌的制衡数量会越来越多，破坏当地的生态平衡。它们还是“沙门氏杆菌”的传播者，这种病菌会传染给猫、狗等恒温动物，也会传染给人类。

红耳龟

体长：15～30 厘米	分类：龟鳖目泽龟科
食性：杂食性	特征：头颈后方有两条对称的红色的粗条纹

鳄龟

淡水动物王者

鳄龟的长相与鳄鱼十分相似，看上去就像鳄鱼背着大大的龟壳一样。它们体形巨大，四肢粗壮，尾巴上长着凸起的硬鳞，头部不能完全缩进壳里。它们不仅长得像鳄鱼，凶猛程度和鳄鱼也不相上下，就连生活习性也与鳄鱼相近，因此被叫作鳄龟。

鳄龟的嘴巴就像鹰嘴一样，是钩状的，极其锋利。它们咬合力也很强，攻击性不亚于鳄鱼。鳄龟生活在淡水中，由于它们体形大，攻击性强，所以几乎没有天敌，因此也被称为“淡水动物王者”。

捕食技巧

鳄龟能捕食到各种动物，得益于它们特殊的捕食技巧。鳄龟捕食会采取伏击战术，它们通常先把自己隐藏好，然后张开大大的嘴巴趴在那里等待，没多久就会有小动物自己送上门来。为什么会这样呢？因为鳄龟的口腔中长着一条红色的肉突，它们借助肉突来模仿蠕动的小虫子，迷惑猎物。一旦有猎物误把那些肉突当作小虫去捕食的时候，等候多时的鳄龟会猛然地合上嘴巴，然后津津有味地把猎物吃掉。

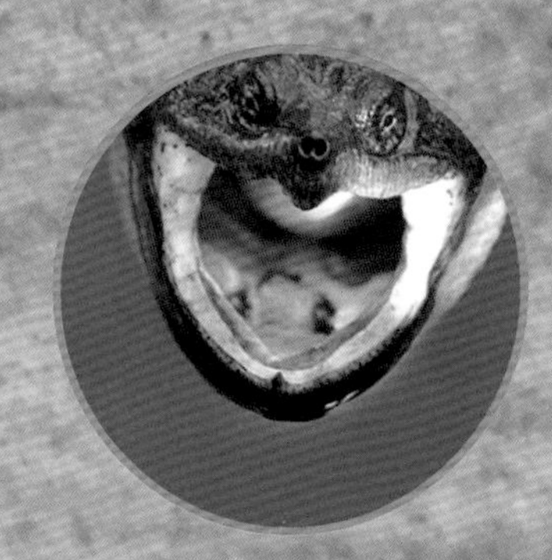

真鳄龟

体长：30～75 厘米	分类：龟鳖目鳄龟科
食性：杂食性	特征：长相酷似鳄鱼，背壳有尖的凸起，身体上长有突刺

鳄龟吃什么

鳄龟的食性很广，喜欢食肉。它们既能吃各种贝和鱼，也能吃水果和蔬菜，还会捕食一些鸟和蛇。一般只要能吃得下的食物它们都会吃，有时一些幼小瘦弱的鳄鱼也会成为它们的捕食对象。和一般喜欢活食的龟类不同的是，鳄龟也喜欢吃腐烂的动物尸体。有些地区，在食物缺乏的情况下，幼小的鳄龟甚至会吃植物。

中华鳖

中华鳖是我国最常见的鳖科爬行动物，它们在我国分布的范围十分广泛，只要是食物充足的江河、湖泊、沼泽、水库都能看见它们的身影。中华鳖爬行速度比较迟缓，但是它们的视力和听力却相当灵敏，稍微有一点儿风吹草动它们就迅速下沉到水中躲起来。科学家经过研究发现了中华鳖一个特殊的地方，那就是它们依靠自己的嘴巴来代谢体内废物。

鳖

软青爬行动物

鳖，又被叫作“甲鱼”或“团鱼”，是一种体形较大的爬行动物。它们身体比较扁平，头部和四肢可以伸缩。鳖是以肉食性为主的动物，喜欢吃鱼、虾、贝、昆虫和动物的内脏及尸体，也能吃青草、粮食和水果等。在食物缺乏较严重时，也会自相残杀，吃掉同类的尸体。鳖的性别可以通过它们体形的大小来分辨，通常情况下，雌性鳖的体形较大。

斑鳖

斑鳖是我国国家一级保护动物，数量非常稀少，全世界已知的斑鳖数量只有四只，其中两只在中国，另外两只在越南。中国的一雌一雄两只斑鳖，它们生活在苏州动物园内。其中雌性斑鳖是世界仅存的四只斑鳖中唯一的雌性，非常珍贵。为了保护好这全世界仅有的四只斑鳖，我国和越南都采取了积极的措施，定期给它们做身体检查。在 2015 年的时候，专家尝试对雌性斑鳖进行人工授精，希望为斑鳖家族再添新成员。2019 年 4 月 13 日，中国最后一只雌性斑鳖离世。苏州动物园仅剩的雄性斑鳖，也成了国内唯一一只人工养殖的斑鳖。目前全球已知存活的斑鳖仅剩三只。

中华鳖

体长：约 30 厘米	分类：龟鳖目鳖科
食性：肉食性	特征：背甲光滑，四肢短粗有力

背甲光滑，没有花纹。

鳖的头部比较尖，管状鼻子，鼻孔较大。

有骨质牙齿，咬合力强。

四肢短粗，脚趾间有蹼。

我国分布最广的龟

草龟，又被叫作“乌龟”“墨龟”等，是一种体形较小的龟，主要分布在中国、日本和韩国等地。它们栖息在江河、湖泊之中，也可以在陆地上爬行。最喜欢的食物是小鱼和小虾，也会吃一些玉米、水果等。草龟的生长速度比较缓慢，常常五六年都长不到 500 克重，成年以后体形也不是很大。

中华草龟

中华草龟是我国分布最广的龟，它们体形较小，性格温和，耐饥饿能力强，一个月不进食也不会死亡。中华草龟环境适应能力强，不容易生病。日本、菲律宾以及一些欧美国家的人认为中华草龟象征着“吉祥和长寿”。

性别的分辨

草龟的背甲中间有三条竖向隆起的棱，中间一条最长也最高，两边的呈对称分布，略矮短一些。草龟在小的时候，长相并没有很大的区别，人们只能通过体形大小、尾巴的长短和腹甲处是否有凹陷来分辨它们的性别。通常情况下，体形稍大一些，尾巴较短且腹甲平坦的是雌草龟。成年的草龟分辨性别就很容易了，全身墨黑的一定是雄草龟，雌草龟的体色一般终生不变，体形也比同龄的雄龟稍大。

草龟

体长：10～25 厘米	分类：龟鳖目龟科
食性：肉食性	特征：体形很小，生长速度缓慢

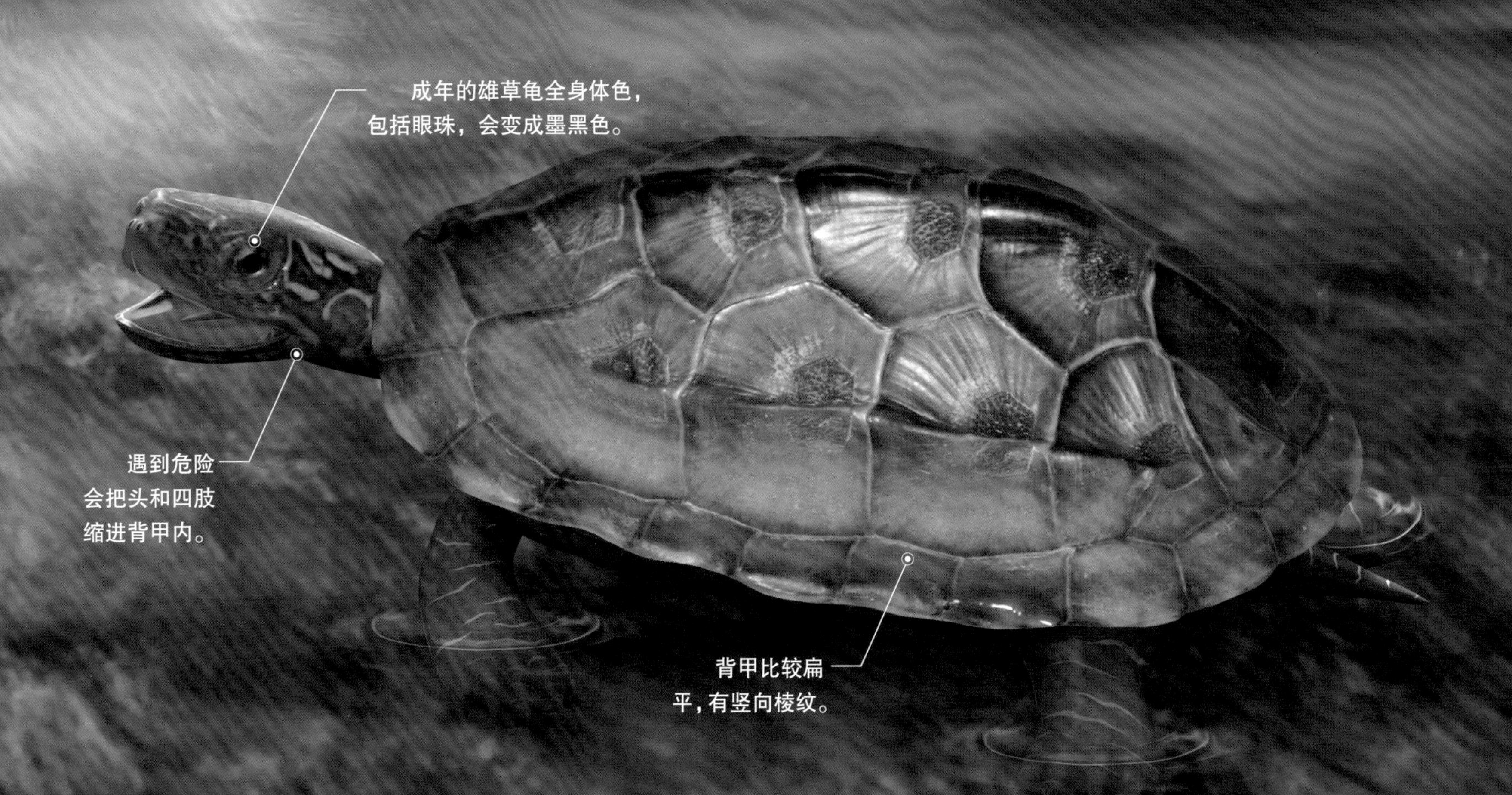

象龟

体形最大的陆龟

象龟是体形最大的陆龟，被人们称为“龟中巨人”。成年的象龟身长可达到 1.5 米，体重可达 150 千克。因为它们的腿粗呈圆柱形，与大象的腿十分相似，所以被称为象龟。象龟不会游泳，喜欢栖息于沼泽和草地之中。它们是植食性动物，常吃野果和青草，最爱吃的是多汁的仙人掌。众所周知，龟是一种寿命较长的动物，因此，很多人们觉得龟代表长寿。但要说龟中的寿星，那一定是象龟，它们平均能活到百岁以上。

加拉帕戈斯象龟

加拉帕戈斯象龟是体形最大的象龟，它们生活在加拉帕戈斯群岛上。加拉帕戈斯岛原本是一座孤岛，两个多世纪以前，生物学家达尔文到达那里，他被岛上各种新奇的物种所吸引。在岛上，达尔文发现了数以万计的巨大的龟。它们生活在不同的小岛上，形态也有所不同，这引发了达尔文的思考，为他后来创作《物种起源》奠定了基础。因为这座孤岛中有许多巨大的龟，所以被取名为加拉帕戈斯群岛，翻译过来的意思是“龟岛”，而这些巨龟，也就被叫作加拉帕戈斯象龟。

储水

象龟虽然是陆生龟，不会游泳，但是也需要摄入水分。它们只喝淡水，有时口渴为了找到淡水资源，它们可以爬好几千米。象龟由于体形大，身体笨重，所以行动比较缓慢。当找到可以饮用的水源时，它们会将大量的水储存在体内，在水资源匮乏的时候，体内的水可以帮它们渡过难关。因此，象龟很长时间不喝水也能够生存。

加拉帕戈斯象龟
体长：约 1.5 米
分类：龟鳖目陆龟科
食性：植食性
特征：体形巨大，四肢粗壮
扫一扫
扫一扫画面，小动物就可以出现啦！
背甲较高，行动缓慢。
趾间没有蹼，不会游泳。
象龟的四肢很粗壮，呈圆柱形。

枯叶龟

活动的枯叶

枯叶龟的长相很奇特，它们的背甲和头部从颜色和形状上看，像极了枯萎的黄树叶，因此被叫作枯叶龟。枯叶龟是一种大型的水生龟，通常在浅水区活动。它们是肉食性动物，主要吃蠕虫、小鱼和虾等，偶尔也会吃植物的茎叶。枯叶龟的嘴巴又大又宽，但是眼睛却很小，视力条件不是很好。这就导致了它们虽然是水栖动物，但是游泳速度却很慢，大部分时间都是在水底爬行。这样的游泳技术在水中很难生存下去，迫使它们进化成现在的形态。

与众不同的脖子

枯叶龟的脖子比较长也比较宽，能随意地收缩捕食猎物，它们的脖子两边对称地长着刺状的突起肉质和触须，形状就像树叶的边缘。枯叶龟脖子上的触须到底有什么作用？这个问题一直是人们争论的焦点。有的观点认为这些触须在水中摆动，模仿小虫子，可以帮助枯叶龟捕食；有的观点认为，这些触须的锯齿形状起到了分流水流的作用，能使枯叶龟更好地探测到周围的事物；还有些观点认为这些触须能帮助枯叶龟和环境融为一体，迷惑被捕食的猎物。

特殊的捕食方式

别看枯叶龟视力不好，游泳速度不快，在捕食的时候，它们可是有特殊策略的。枯叶龟非常懂得利用自己的优势条件，它们在捕食的时候，会充分地融入周围的环境中，一动不动地潜伏在水里。一旦小鱼小虾接近时，枯叶龟会突然伸长脖子，张大嘴巴，扩张喉咙。这样的动作起到了抽水的作用，能帮助它们把猎物吸进喉咙里，在吞掉猎物的同时把水排出。枯叶龟会用这样的捕食方式吞掉猎物是因为它们不能咀嚼。

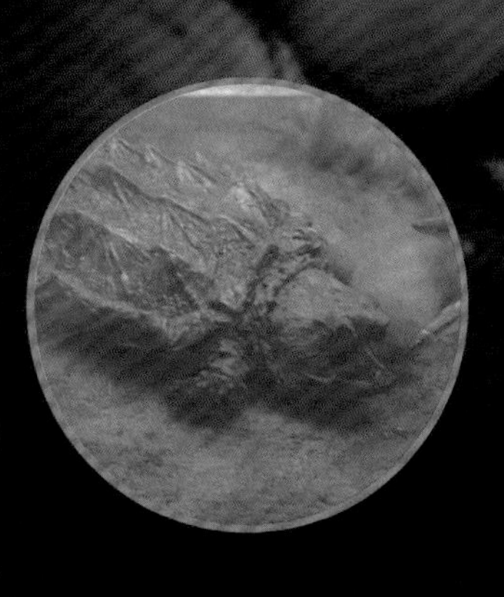

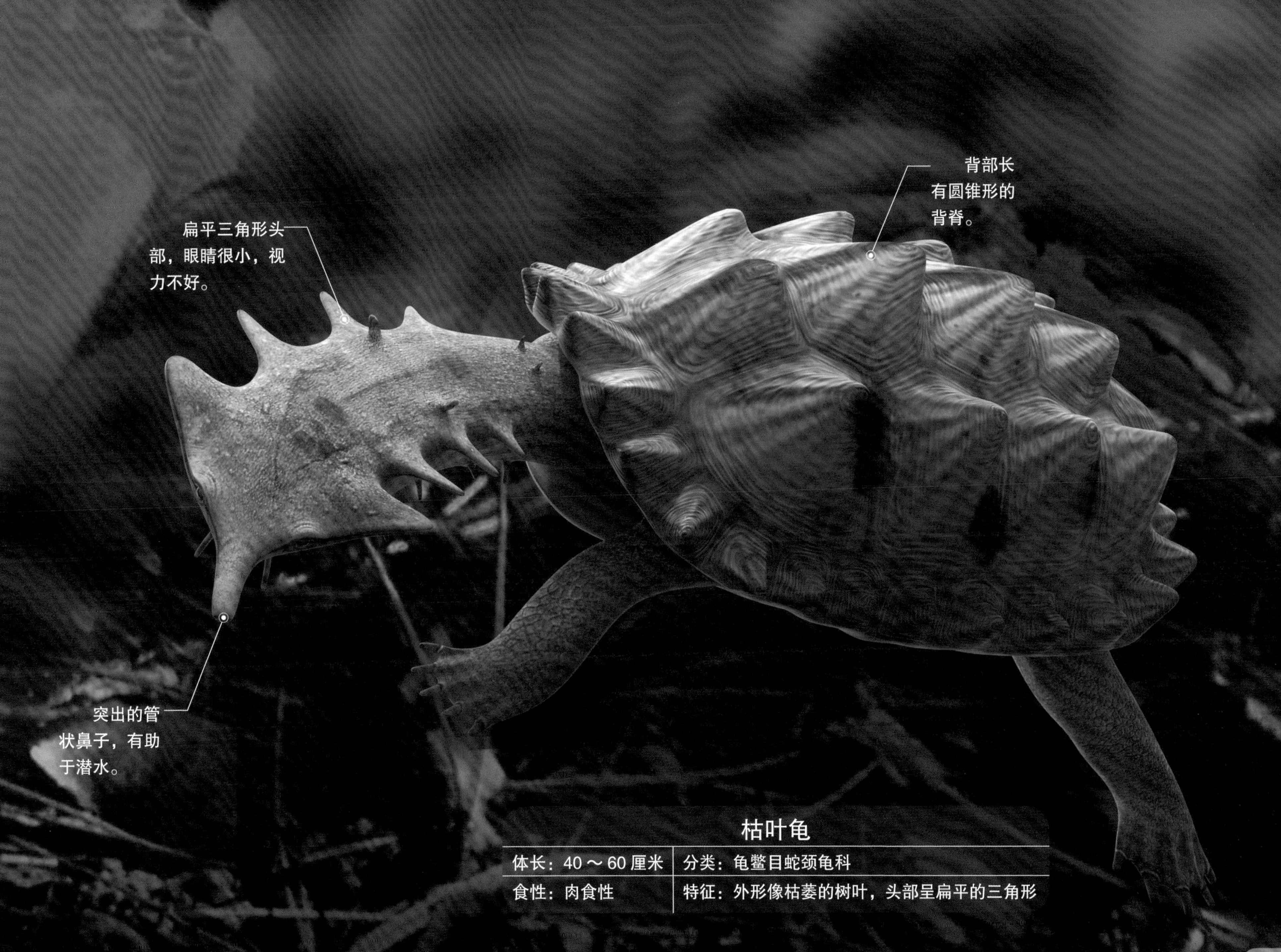

枯叶龟

体长：40～60 厘米	分类：龟鳖目蛇颈龟科
食性：肉食性	特征：外形像枯萎的树叶，头部呈扁平的三角形

鹰嘴龟

特殊的淡水龟

鹰嘴龟，又称“平胸龟”“大头龟”。它们的嘴巴上颌下颌都成尖尖的弯钩状，与鹰的嘴巴很相似，所以被叫作鹰嘴龟。它们的身体背甲极其扁平，行动时就像完全趴在地面上，也因此被叫作平胸龟。鹰嘴龟的体形较小，成年的鹰嘴龟背甲长度大概只有 10～18 厘米，但是它们的头部较大，不能缩进背甲内。它们是肉食性动物，平时喜欢吃一些小虾、小鱼、螺、蚌等。食物缺乏时也会吃一些树叶、青草和野果。

鹰嘴龟	
体长：10～18 厘米	分类：龟鳖目平胸龟科
食性：肉食性	特征：鹰钩嘴，身体扁平，尾巴长

 鹰嘴龟的价值

鹰嘴龟具有较高的观赏价值，它们头大、尾巴长、鹰钩嘴的特殊长相很受人们的欢迎。它们行动比较缓慢，鹰钩嘴看上去很有攻击性，但是性格温和，它们基本不会主动攻击人们。因为它们不能缩头，所以在它们防御危险，自我保护的时候偶尔会进行攻击，但很少见。野生的鹰嘴龟因为对温度要求的特殊以及人们渔牧业的捕捞，数量已经极为稀少了。

鹰嘴龟嘴巴上颌下颌呈弯钩状，身体扁平，又被叫作平胸龟。

趾间有半蹼，善于攀爬。

 长尾巴的乌龟

乌龟的尾巴，大多数都比较短。一些体形较大的乌龟，因为身体比例的原因，尾巴会稍微长一些。但是鹰嘴龟却长有一条长长的尾巴，它们的尾巴长度甚至可以和身体的长度相等。这是鹰嘴龟的独特之处，人们通过长尾巴就可以辨认出它们。

 特殊的淡水龟

鹰嘴龟是水陆两栖的爬行动物，它们喜欢生活在碎石和沙砾比较丰富的山涧浅溪之中。鹰嘴龟是夜行性动物，常常在深夜觅食、活动。白天的时候就在石缝中或者树荫处休息。它们怕冷，在寒冷的冬季会冬眠，但是它们更怕热，在炎热的夏季它们必须要找到一个凉爽的地方生存，否则会被晒死。

猪鼻龟

长着猪鼻子的龟

猪鼻龟是一种长相很奇特的淡水龟，又名“两爪鳖”“飞河龟”。它们体形较大，尾巴短，头部大小适中，但是不能缩进背甲内。因为它们的鼻子肉多，而且较长，鼻孔较大，与猪鼻子十分相像，所以被叫作猪鼻龟。猪鼻龟是唯一一种完全水栖的淡水龟，它们终生都是在水中度过的，甚至它们的蛋都是在水中孵化的。它们原本是陆生动物，在陆地上爬行，后来为了适应环境，又回到了水中生活。

猪鼻龟	
体长：40 ～ 50 厘米	分类：龟鳖目两爪鳖科
食性：杂食性	特征：背甲正中有一列刺状嵴，四肢是鳍状

完全水栖，终生生活在水里。

 无所不吃的猪鼻龟

猪鼻龟的食性很杂，食量较大，无论小鱼、小虾还是水生的昆虫和植物，甚至是掉落的野果和树叶，它们都会当作食物吃掉，但是它们还是更喜欢肉食食物多一些。猪鼻龟的捕食方式也是很独特的，通常情况它们都是在水里“等食”，就是在游泳的过程中，遇见什么就吃什么，不会刻意地寻找食物，都是“就近原则”。在食物匮乏或者需要补充营养的时候它们才会主动捕食。

 与众不同的特征

猪鼻龟的背甲很有特点，比较圆。背甲的周边有一排白色的斑点，边缘处有比较规则的小锯齿，它们最明显的特征就是在背甲正中间最高处有一条竖向的突起硬刺。猪鼻龟的背甲与鳖的背甲相似，是由骨化的皮肤构成的，但是猪鼻龟背甲外缘的骨骼发育得更坚硬一些，所以它们没有像鳖一样的软裙边。

闭壳龟

腹甲会动的乌龟

闭壳龟体形较小，尾巴稍长，外观看上去和其他乌龟区别不大。但是它们有个特殊之处，就是能紧紧闭合甲壳，把身体完全隐藏在甲壳之中，也是因为这项特殊的本领，它们被称为闭壳龟。闭壳龟在我国分布十分广泛，甚至有几种是我国的特产。它们胆子较大，性格温和，是我国国产龟中十分受欢迎的一种。

可移动的腹甲

闭壳龟是怎么将自己完美地隐藏在甲壳之中的呢？拥有这样的能力，主要是因为在它们的体内长着一根韧带，背甲和腹甲依靠韧带相连接。它们体内的韧带能够使腹甲的前半部分和后半部分灵活地移动，这样在面对危险的时候，闭壳龟就可以移动腹甲的前后部分，让它们的甲壳紧紧关闭，连后肢和尾巴都充分地保护起来。但是韧带在移动过程中会逐渐地磨损、溃烂，导致闭壳龟受伤或生病。

自我保护的方式

闭壳龟和大多数乌龟不同，它们有独特的自我保护方式。遇到危险的时候，闭壳龟会把自己的头、四肢和尾巴完全缩进背甲内，然后紧紧地闭合背甲和腹甲，把自己的身体完全藏进甲壳里，无论是背甲朝上还是腹甲朝上，都不会暴露自己的身体。一旦闭合甲壳，除非它们自己探出头来，否则，借助外力也很难将它们的甲壳打开。当它们死亡以后，韧带逐渐腐烂，背甲和腹甲的连接中断，就会自动分开。

金头闭壳龟

体长：8～16 厘米	分类：龟鳖目龟科
食性：杂食性	特征：体内有韧带，腹甲可动

头部、四肢和尾巴能完全缩进甲壳内。

背甲和腹甲可以紧紧闭合。

生活习性

闭壳龟食性较广，但偏爱肉食，喜欢吃各种昆虫和软体动物，食物缺乏时也吃一些粮食、水果和蔬菜。闭壳龟的活动量不大，喜欢安静的环境，常常栖息在灌木、杂草等易于隐藏的地方。它们警惕性高，又能很好地隐藏自己，所以几乎没有天敌。

第六章
江河霸主——鳄鱼

趾间有蹼，能长时间在水中生活。

四肢短小不发达，在陆地上靠腹部肌肉匍匐滑行。

身体修长，尾巴上有锯齿状的突起的硬鳞。

恒河鳄

嘴巴最长的鳄鱼

恒河鳄是体形较大的一种鳄鱼，成年之后体长能达到 3～6 米。它们的嘴巴细长而扁平，身体较长，皮肤光滑，纹路均匀，尾巴上长着一排锯齿状坚硬的鳞片。恒河鳄是淡水鳄，主要生活在印度河、恒河、马哈拉迪河等河流之中。它们主要捕食鱼，也会吃一些哺乳动物。

匍匐滑行

恒河鳄四肢短小，带有蹼，能长时间地在水中停留。在水里，它们能很轻快地游泳和捕食。但是当它们爬到陆地上以后，短小的四肢就没有优势了。因为四肢短小不发达，不能支撑起它们粗壮的身体，所以它们无法用四肢平稳地爬行。尽管这样，恒河鳄还是可以在陆地上行动的，它们依靠腹部强壮的肌肉，在陆地上匍匐滑行，但是速度慢了很多。

恒河鳄

体长：3～6米	分类：鳄形目长吻鳄科
食性：肉食性	特征：身体修长，嘴巴细长

嘴巴细长扁平，十分有利于捕食各种鱼。

不伤人的大鳄鱼

恒河鳄是地地道道的肉食性动物，由于嘴巴扁平细长，这让它们在捕食的时候受到了很大的局限性。它们面对体形较大的哺乳动物时候，常常跃跃欲试，但是几乎都是以失败告终。因为嘴巴的限制，相比大型哺乳动物来说它们更喜欢鱼。但是它们遇到已经死亡的大型动物或腐烂的尸体时，也会不客气地吃掉，因为对于它们来说，已经死亡的动物没有挣扎的能力，它们可以安心地享用。

短吻鳄

嘴巴宽阔的鳄鱼

短吻鳄也叫“密西西比河鳄”或者“密河鳄”，是北美洲的一种大型鳄鱼。它们的头部比较扁平，嘴巴很宽，闭上嘴巴仍然可以看见下排的牙齿。短吻鳄的尾巴粗壮有力，既能在游泳时帮助它们划水，也能在遇到危险时帮助它们防卫。短吻鳄通常栖息在沼泽和湖泊等地方，它们喜欢安静且无人打扰的环境，会挖洞穴用来休息和躲避危险。在它们的栖息地，除了同类之间的争斗，天敌很少。

捕食方式

短吻鳄喜欢捕食一些体形较小的动物，因为小型动物捕食起来更容易一些，它们一次就可以将其吃掉。面对较大型的动物时，短吻鳄也不会放过捕食的机会。通常它们会咬住猎物，借助自己会游泳的优势，把猎物拖进水里淹死，淹死猎物之后，它们会使出自己的“捕食绝招”：把猎物咬住并在水里快速地旋转，将其撕成小块之后再吃掉。

不挑食的鳄鱼

短吻鳄是肉食性动物，但是它们不挑食，只要是能捉到的食物，它们都会吃。小的时候，它们主要吃一些鱼和昆虫，成年以后的大短吻鳄能捕食水牛、野鹿等体形较大的动物，有时也会捕食小的短吻鳄，在食物匮乏的时候，它们甚至会吃一些动物的腐肉。不过它们最喜欢的还是一些体形较小且捕食起来比较容易的动物。

短吻鳄	
体长：约 4 米	分类：鳄形目短吻鳄科
食性：肉食性	特征：头部扁平，嘴巴很宽

湾鳄

目前世界上最大的鳄鱼

捕食

湾鳄既能在水里生活，也可以在陆地上爬行。它们既吃大型的鱼、泥蟹、海龟、巨蜥、禽鸟等，也捕食野鹿、野牛、野猪等。湾鳄有着超强的咬合力，可咬断海龟的硬甲和野牛的骨头。成年湾鳄经常在水下，只把眼、鼻露出水面，它们善于隐藏自己来捕食猎物。它们捕食速度非常快，常常是猎物还来不及躲闪，就落入了它们口中。湾鳄在自己的地盘，除了同类，几乎没有对手。它们的耳朵非常灵敏，听到一些风吹草动便钻进水里躲起来。

湾鳄是目前世界上最大的鳄鱼，因为生活在红树林和海岸附近，所以又被叫作“咸水鳄”。成年的湾鳄一般长 3～7 米，体重超过 1600 千克。湾鳄体形巨大，四肢粗壮，常常埋伏在水里，不容易被发现。一旦有它们捕猎的目标靠近时，它们会趁其不备，从水里蹿出来，非常迅速地咬住猎物，然后慢慢地享受自己的战利品。一般被湾鳄捕食的小动物，都难逃被吃掉的命运。

湾鳄的宝贵价值

湾鳄虽然长得庞大凶狠，但是它们是一种很有价值的动物。湾鳄的皮，堪称皮革中的“铂金”，由于质量好，纹路漂亮，常常被人们用于制作皮包。湾鳄的肉，营养价值极高，很利于人们的滋补和保养。由于肉用和皮革制品的需求，现在人工养殖的湾鳄数量越来越多，特别在东南亚的一些国家，尤其盛行饲养湾鳄。

湾鳄

体长：3～7米	分类：鳄形目鳄科
食性：肉食性	特征：凶猛、庞大、咬合力强

咬合力超强，是现存咬合力最大的生物之一。

扬子鳄

我国特有的鳄鱼

扬子鳄属于短吻鳄，是鳄鱼中体形较小的一种。它们大多数体长不超过 2 米，头部比较扁平，四肢粗短，尾巴上面长有硬鳞。扬子鳄是中国特有的鳄鱼，栖息在长江流域。因为它们栖息的长江下游河段旧称为“扬子江”，所以它们被称为扬子鳄。扬子鳄喜欢栖息在湖泊、沼泽或杂草丛生的安静地带，通常白天在洞穴里休息，夜晚才会出去捕食。

扬子鳄的生活习性

扬子鳄喜欢生活在洞穴之中，它们有着超强的挖洞穴本领，常常在有需要的时候就挖一个洞口出去，所以它们的洞穴会有多个洞口，洞穴的内部构造像一座迷宫一样。虽然扬子鳄的体形小，但是它们的食量却很大。它们有很强的忍耐饥饿的能力，常常会在体内储存大量的营养物质，可以维持很长时间不吃东西。

扬子鳄	
体长：90 ～ 180 厘米	分类：鳄形目鳄科
食性：肉食性	特征：体形较小，四肢短粗

我国国宝

扬子鳄是我国特有的鳄鱼，也是中国唯一的本土鳄鱼种类。它们性情温顺，极少攻击人类，在生存范围内，天敌很少，但是温顺的性格却让它们成了捕猎者的目标，因此扬子鳄的数量减少了许多。现在，它们已经被我国列为国家一级保护动物，和大熊猫一样是我国的国宝。

扫一扫
扫一扫画面，小动物就可以出现啦！
趾间有蹼，既能在陆地爬行也能在水里游泳。
扬子鳄体形较小，头部扁平，四肢短粗。
尾巴较长，粗壮，能帮助它们游泳和防御。

凯门鳄

“戴眼镜”的鳄鱼

凯门鳄是鳄鱼中体形偏小的种类，它们尾巴较长，体长 1.2～2.1 米，是水陆双栖息的爬行动物，在水中行动非常灵敏。凯门鳄分布在中美洲和南美洲的江河、湖泊之中，主要捕食昆虫和中小型鱼等。它们攻击力较弱，但是对环境的适应能力超强，已经成为一些国家的入侵物种。

捕食策略

由于体形较小，凯门鳄只捕食一些小型的鱼、鸟和哺乳动物。它们在捕食的时候，有时会采取“突然袭击”的策略，在水中不动声色，然后对靠近的猎物进行偷袭。有时它们也会采用“驱赶捕鱼”的方法，用身体或尾巴把猎物驱赶到狭窄的地方，猎物无处可逃，它们捕食起来也就容易多了。凯门鳄知道体形小是它们的劣势，所以它们几乎不会去捕食大型动物，但是有大型动物攻击它们的时候，它们也会顽强地抵抗。

眼镜凯门鳄
体长：1.2～2.1 米
分类：鳄形目短吻鳄科
食性：肉食性
特征：双眼间有肉质突起
嘴巴稍长，
前端略突起。
双眼之间有肉质突起，
看起来像眼镜框架。
凯门鳄体形较小，
尾巴较长。

尼罗鳄

非洲最大的鳄鱼

尼罗鳄的体形仅次于湾鳄，是一种大型的鳄鱼，成年的尼罗鳄体长能达到 6 米，体重在一吨左右。在尼罗鳄生活的非洲，它们是非洲最大的鳄鱼。因为它们主要生活在非洲尼罗河水域中，所以被称为尼罗鳄。尼罗鳄性情比较凶狠，捕食能力很强，是一种很危险的动物，它们能杀死河马、狮子等大型动物，有时也会袭击人类。

尾巴粗壮，有利于捕食和游泳。

尼罗鳄体形巨大，身体和尾部有横向的纹路。

趾间有蹼，可水陆两栖。

 捕食方式

尼罗鳄更喜欢生活在水里，它们通常白天伏在岸上晒太阳，晚上凉爽的时候在水里捕食。它们的捕食方式是偷袭，常常埋伏在水里不动，也不会发出声音，很隐蔽，但其实隐藏在水中的它们正在观察着外面的风吹草动，一旦有猎物靠近，它们便会趁猎物不注意的时候突然袭击。尼罗鳄的咬合力非常大，被它们捕食的猎物，几乎没有逃脱的可能。

 尼罗鳄的“好朋友”

尼罗鳄体形巨大，性格凶猛，捕食动物毫不留情，但是它们对一种叫牙签鸟的小鸟却很友善。牙签鸟体形很小，它们常常会飞到尼罗鳄的嘴里，去吃残留在尼罗鳄牙齿间的食物，有时也会到尼罗鳄的身上去吃小虫。巨大的尼罗鳄不会伤害牙签鸟，甚至还会很享受地配合它们。牙签鸟在尼罗鳄嘴里吃食，既能填饱自己的肚子，也能帮尼罗鳄剔牙。

尼罗鳄	
体长：2～6 米	分类：鳄形目鳄科
食性：肉食性	特征：体形巨大，四肢外侧有锯齿状的突起，趾间有蹼

索引

图书在版编目（CIP）数据

两栖和爬行动物 / 余大为，韩雨江，李宏蕾主编
. -- 长春 ：吉林科学技术出版社，2020.11
（动物世界大揭秘）
ISBN 978-7-5578-5265-8

Ⅰ. ①两… Ⅱ. ①余… ②韩… ③李… Ⅲ. ①古动物学—青少年读物 Ⅳ. ①Q915-49

中国版本图书馆 CIP 数据核字（2018）第 300019 号

DONGWU SHIJIE DA JIEMI　LIANGQI HE PAXING DONGWU

动物世界大揭秘　两栖和爬行动物

主　　编　余大为　韩雨江　李宏蕾
绘　　画　长春新曦雨文化产业有限公司
出 版 人　宛　霞
责任编辑　朱　萌
封面设计　长春新曦雨文化产业有限公司
制　　版　长春新曦雨文化产业有限公司
美术设计　孙　铭
数字美术　贺媛媛　付慧娟　王梓豫　贺立群　李红伟　李　阳
　　　　　马俊德　边宏斌　周　丽　张　博
文案编写　惠俊博　辛　欣　王　杨

幅面尺寸　210 mm×285 mm
开　　本　16
印　　张　10
字　　数　200 千字
印　　数　1-5000 册
版　　次　2020 年 11 月第 1 版
印　　次　2020 年 11 月第 1 次印刷
出　　版　吉林科学技术出版社
发　　行　吉林科学技术出版社
地　　址　长春市福祉大路 5788 号
邮　　编　130118
发行部电话 / 传真　0431-81629529　81629530　81629531
　　　　　　　　　　81629532　81629533　81629534
储运部电话　0431-86059116
编辑部电话　0431-81629518
印　　刷　吉林省吉广国际广告股份有限公司
书　　号　ISBN 978-7-5578-5265-8
定　　价　88.00 元